Química ambiental

O selo DIALÓGICA da Editora InterSaberes faz referência às publicações que privilegiam uma linguagem na qual o autor dialoga com o leitor por meio de recursos textuais e visuais, o que torna o conteúdo muito mais dinâmico. São livros que criam um ambiente de interação com o leitor – seu universo cultural, social e de elaboração de conhecimentos –, possibilitando um real processo de interlocução para que a comunicação se efetive.

Química ambiental

Karine Isabel Scroccaro de Oliveira
Lilliam Rosa Prado dos Santos

Rua Clara Vendramin, 58
Mossunguê • CEP 81200-170 • Curitiba • PR • Brasil
Fone: (41) 2106-4170
www.intersaberes.com
editora@editoraintersaberes.com.br

- **Conselho editorial**
  Dr. Ivo José Both (presidente)
  Drª Elena Godoy
  Dr. Nelson Luís Dias
  Dr. Neri dos Santos
  Dr. Ulf Gregor Baranow

- **Editor-chefe**
  Lindsay Azambuja

- **Editor-assistente**
  Ariadne Nunes Wenger

- **Capa**
  Mayra Yoshizawa (*design*)
  Aleksandar Grozdanovski/
  Shutterstock (imagem)

- **Projeto gráfico**
  Mayra Yoshizawa

- **Diagramação**
  YUMI Publicidade Ltda

- **Iconografia**
  Celia Kikue Suzuki

1ª edição, 2017.

Foi feito o depósito legal.

Informamos que é de inteira responsabilidade das autoras a emissão de conceitos.

Nenhuma parte desta publicação poderá ser reproduzida por qualquer meio ou forma sem a prévia autorização da Editora InterSaberes.

A violação dos direitos autorais é crime estabelecido na Lei n. 9.610/1998 e punido pelo art. 184 do Código Penal.

Dados Internacionais de Catalogação na Publicação (CIP)
(Câmara Brasileira do Livro, SP, Brasil)

Oliveira, Karine Isabel Scroccaro de
   Química ambiental/Karine Isabel Scroccaro de Oliveira, Lilliam Rosa Prado dos Santos. Curitiba: InterSaberes, 2017.

   Bibliografia.
   ISBN 978-85-5972-502-5

   1. Ensino – Métodos 2. Química ambiental I. Santos, Lilliam Rosa Prado dos. II. Título.

17-07092   CDD-540

Índices para catálogo sistemático: 1. Química ambiental 540

Sumário

9 Como aproveitar ao máximo este livro
13 Apresentação

Capítulo 1
19 **A importância da química ambiental**
28 1.1 Conhecimento científico e questões ambientais
40 1.2 Desenvolvimento sustentável e química ambiental
51 1.3 Sistemas de gestão ambiental: legislação e certificações

Capítulo 2
73 **Sistemas terrestres**
82 2.1 Atmosfera: condições naturais e interferência antrópica
97 2.2 Litosfera: potencialidades e fragilidades do solo
109 2.3 Hidrosfera: início da vida e manutenção do equilíbrio ambiental

Capítulo 3
129 Conceitos de química ambiental
133 3.1 Elementos químicos na natureza
134 3.2 Elementos químicos em nosso cotidiano
137 3.3 Misturas químicas
149 3.4 Análises físico-químicas
150 3.5 Poluentes químicos
162 3.6 Substâncias ácidas e substâncias básicas
165 3.7 Potencial hidrogeniônico (pH) de soluções
169 3.8 Modelo Bronsted-Lowry
173 3.9 Atividade iônica
177 3.10 Ligas metálicas
179 3.11 Chuva ácida

Capítulo 4
191 Interação e equilíbrio químico no ambiente
195 4.1 Reações químicas inorgânicas
202 4.2 Solubilidade e precipitação
208 4.3 Equilíbrio de complexação
212 4.4 Reações de oxirredução
229 4.5 Estado coloidal: suspensões e soluções
232 4.6 Osmose

241 Estudo de caso
245 Para concluir...
249 Referências
277 Respostas
285 Sobre as autoras
287 Anexo

"Na natureza, nada se cria, nada se perde, tudo se transforma".

Antoine-Laurent de Lavoisier (Martins, 2010)

Como aproveitar ao máximo este livro

Este livro traz alguns recursos que visam enriquecer o seu aprendizado, facilitar a compreensão dos conteúdos e tornar a leitura mais dinâmica. São ferramentas projetadas de acordo com a natureza dos temas que vamos examinar. Veja a seguir como esses recursos se encontram distribuídos na obra.

Conteúdos do capítulo

Logo na abertura do capítulo, você fica conhecendo os conteúdos que nele serão abordados.

Após o estudo deste capítulo, você será capaz de:

Você também é informado a respeito das competências que irá desenvolver e dos conhecimentos que irá adquirir com o estudo do capítulo.

Questões para revisão

Com estas atividades, você tem a possibilidade de rever os principais conceitos analisados. Ao final do livro, as autoras disponibilizam as respostas às questões, a fim de que você possa verificar como está sua aprendizagem.

Questões para reflexão

Nesta seção, a proposta é levá-lo a refletir criticamente sobre alguns assuntos e trocar ideias e experiências com seus pares.

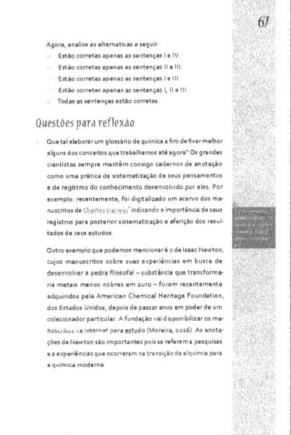

Para saber mais

Você pode consultar as obras indicadas nesta seção para aprofundar sua aprendizagem.

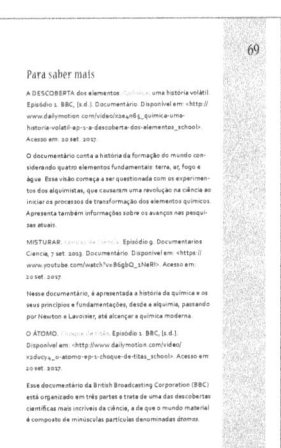

Apresentação

O ser humano depende dos recursos naturais para a sua existência, por isso, ele explora a natureza e a transforma de acordo com as suas necessidades. No começo, a relação entre eles era marcada pelo nomadismo – sempre que os recursos naturais se esgotavam, grupos humanos se deslocavam pelo planeta em busca de novos lugares que lhes oferecessem recursos para garantir a sua sobrevivência. O desenvolvimento da agricultura e a domesticação dos animais levaram ao fim do nomadismo e à ocupação permanente dos espaços geograficamente favoráveis – seja pelo clima, seja pelo acesso à água, aos solos férteis ou às florestas, entre outros fatores.

Porém, a exploração da natureza e a transformação dos sistemas naturais pela humanidade demonstram que os limites para o funcionamento adequado do planeta foram ultrapassados, indicando, atualmente, situações críticas de desequilíbrio ambiental. De acordo com Paulo Artaxo (2014a), apesar de a história humana no planeta ser recente, o desenvolvimento da agricultura, o crescimento populacional e, sobretudo, o início da Revolução Industrial vêm gerando impactos ambientais devastadores.

Desde então, as cidades cresceram e avançaram até formarem os grandes centros urbanos e industriais que ocupam as paisagens do século XXI. A transformação da natureza e a exploração intensa e veloz dos recursos naturais foram potencializadas com a ciência e a tecnologia e resultaram, por um lado, em conquistas extraordinárias, mas, por outro, as fragilidades dos ecossistemas começaram a apresentar sinais de alerta sobre os riscos e as vulnerabilidades de equilíbrio ambiental e sobre as ameaças à manutenção da biodiversidade e da sobrevivência das espécies.

Dessa forma, os temas ambientais dizem respeito a questões sobre os limites do <u>crescimento populacional</u>, sobre a exploração do sistema de produção e sobre o consumo exacerbado diante das fragilidades dos sistemas naturais. Os estudos de Johan Rockström et al. (2009) e de Will Steffen et al. (2015) atualizaram os limites críticos em relação à sustentabilidade do planeta, como as mudanças climáticas, a perda da biodiversidade e a desordem nos ciclos de carbono e de nitrogênio, ainda com uma margem de incertezas, uma vez que existe uma interdependência entre esses aspectos e é difícil mensurá-los.

Os reconhecimentos dos impactos ambientais causados pela ação antrópica demandam da sociedade global soluções e alternativas. Assim, as questões ambientais atingem elevados patamares de importância nos debates internacionais com amplo envolvimento da sociedade, da ciência e dos governos para identificarem vulnerabilidades e promoverem adaptações e mitigações perante a exploração da natureza (McCormick, 1992; Castells, 1999).

A crise ambiental em escala planetária requer da sociedade global racionalidade e sensibilidade para pensar e agir de maneira responsável diante das fragilidades dos ecossistemas, sobretudo com a pressão exercida pelas atividades antrópicas. Trata-se de

> Sobre esse assunto, consulte Meadows et al. (1972).

uma nova era, em que a humanidade tem o dever de olhar para o passado, o presente e o futuro atribuindo valor aos conhecimentos científico e técnico e também aos saberes tradicionais envolvendo esforços individuais, coletivos e compartilhados para a preservação dos patrimônios natural e cultural (Ab'Sáber, 1982).

Nesse sentido, a abordagem interdisciplinar oferece possibilidades de superação da complexidade dos temas ambientais. Por isso, desenvolvemos este livro focalizando a relação entre a sociedade e a natureza para investigarmos e compreendermos a dinâmica dos processos que envolvem os meios biofísico e bioquímico no mundo contemporâneo, levando em conta, também, o diálogo entre as ciências humanas e as ciências naturais.

O nosso principal objetivo é apresentar a você a química ambiental de maneira acessível e significativa para a sua formação acadêmica e profissional. Para isso, organizamos os capítulos buscando manter a dinâmica relação entre a natureza e a sociedade como unidade de análise central capaz de aliar conhecimento científico às aplicações da gestão ambiental. Nesse processo, compartilhamos nossas experiências no assunto e esperamos que a aprendizagem sob essa perspectiva revele de maneira sistematizada o conhecimento historicamente acumulado pela ciência e, sobretudo, que possa ser oportuno em suas experiências e em suas vivências cotidianas, seja na universidade, seja na vida profissional, seja na vida pessoal.

Dessa maneira, selecionamos criteriosamente aspectos essenciais do campo ambiental sob a perspectiva sistêmica, reforçada ao longo de todo o livro, sobretudo com abordagens interdisciplinares. Nessa trajetória, apresentaremos os fundamentos teóricos da química ambiental com o objetivo de auxiliar gestores ambientais, professores e estudantes a ensinar, a aprender e a inovar, de forma que possam utilizar a abordagem da obra como referência para a gestão ambiental e para os estudos relacionados ao tema. No decorrer do livro, os impactos ambientais – por exemplo, a queima de combustíveis fósseis – serão apresentados em distintos contextos, com o propósito de demonstrar que os poluentes se espraiam no ambiente, o que exige estudos específicos e ao mesmo tempo uma visão holística e sistêmica de cada problema (Bertalanffy, 1975).

No Capítulo 1, demonstraremos a relevância da química ambiental numa visão panorâmica, apresentando as suas principais tendências acadêmicas e profissionais com o objetivo de apoiar a formação aplicada à gestão ambiental. Analisaremos o desenvolvimento sustentável, os sistemas de gestão ambiental, a legislação pertinente e algumas certificações ambientais e técnicas, bem como as tecnologias voltadas para processos de remediação ambiental.

No Capítulo 2, trataremos da abordagem sistêmica da biosfera. Nessa oportunidade, comentaremos sobre os principais sistemas naturais, suas dinâmicas e estruturas, com destaque para a atmosfera, a litosfera, a hidrosfera e as suas inter-relações. As conexões desses sistemas regem o equilíbrio ambiental do planeta e, por isso, é importante entendê-los em suas especificidades, sobretudo como eles funcionam em equilíbrio dinâmico. A compreensão sistêmica dos processos naturais e sociais permite ao gestor realizar tomadas de decisão mais fundamentadas sobre as intervenções ambientais, sendo essa competência urgente e almejada nos dias atuais.

No Capítulo 3, discutiremos sobre as peculiaridades da química e a sua importância no mundo. Sabemos que ela é uma ciência que estuda a estrutura das substâncias e as suas transformações. Nos laboratórios e nas indústrias, são obtidos elementos e substâncias que possibilitam melhorias nas safras agrícolas, como adubos e pesticidas; na indústria têxtil, no aprimoramento de tecidos, como o náilon e o tergal; nos tratamentos e nas curas de doenças, como remédios, anestésicos e vitaminas; na fabricação de produtos de higiene, como detergentes e desinfetantes; nos transportes, como ligas metálicas, combustíveis mais eficientes e novos condutores elétricos; na fabricação de novas tecnologias, como componentes eletrônicos para satélites, computadores, televisores, telefones, internet etc.

Mostraremos reações químicas que ocorrem em nosso dia a dia, com a explicação de como elas impactam em nosso meio ambiente. Também exemplificaremos correções ambientais que devem ser feitas quando ocorrem alterações em parâmetros físico-químicos (um exemplo disso é a correção do solo, dependendo do potencial hidrogeniônico (pH), para obter-se um melhor plantio). Contudo, lembrando que a industrialização gera impactos, como a dispersão de poluentes químicos advindos de alguns processos que são prejudiciais ao meio ambiente, desenvolveremos análises e investigações sobre como a química atua para resolver ou amenizar esses danos.

No Capítulo 4, destacaremos a importância das reações químicas para o meio ambiente, analisando exemplos práticos de reações ácidas e básicas, assim como reações de oxirredução de grande importância para o equilíbrio ambiental.

No final da obra, apresentaremos algumas reflexões oportunas para a continuidade de seus estudos sobre química ambiental.

A importância da química ambiental

Conteúdos do capítulo:

- Fundamentos da química ambiental.
- Noções sobre a produção do conhecimento científico e ambiental.
- Histórico dos movimentos ambientalistas.
- Desenvolvimento sustentável e química ambiental.
- Sistema de gestão ambiental: legislação, certificações e processos de remediação.

Após o estudo deste capítulo, você será capaz de:

1. compreender aspectos fundamentais da química ambiental;
2. relacionar o conhecimento científico e as pesquisas sobre os temas ambientais;
3. avaliar a evolução dos movimentos ambientalistas;
4. identificar a relação entre o desenvolvimento sustentável e a química ambiental;
5. comprovar a relevância do sistema de gestão ambiental.

No início de nosso estudo, propomos a você uma lista de questões cujas respostas esperamos que façam sentido tanto para a sua vida pessoal quanto para a sua vida profissional. Ao refletir sobre elas, considere temas abrangentes e também específicos de seu interesse, seu conhecimento prévio e o que espera aprender.

- Qual é a importância da química ambiental?
- Qual é o campo de estudo da química ambiental?
- Quais são as aplicações possíveis da química ambiental?
- Quem são os profissionais que atuam no campo da química ambiental?
- Como avaliar processos e produtos com base na química ambiental?

A química ambiental estuda as transformações e os processos químicos que se manifestam na biosfera, sejam de origem natural, sejam derivadas de processos antrópicos. Nessa perspectiva, seus temas incluem de pesquisas sobre a origem do Universo até as que tratam de atividades cotidianas e vitais para a sociedade contemporânea. Entender processos sistêmicos acerca da química ambiental pressupõe considerar a profunda interdependência dos sistemas terrestres e como ela mantém um delicado equilíbrio dinâmico do planeta, por meio de conexões presentes em múltiplas escalas temporais e espaciais. Trata-se de fenômenos naturais e sociais do passado e que se mantêm no presente, de macroprocessos, como a radiação solar que desencadeia reações químicas e permite a vida na Terra, a microprocessos, como as forças que determinam a trajetória de um elétron. Portanto, a energia e os fatores bióticos e abióticos estão em profunda e constante vinculação. A Figura 1.1, a seguir, retrata essa vinculação.

Figura 1.1 – Conexão entre energia e fatores bióticos e abióticos

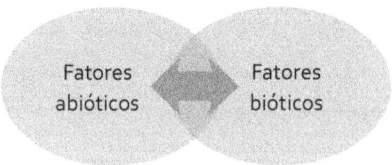

Fonte: Elaborado com base em Drew, 1983, p. 2.

Nesse sentido, química ambiental pressupõe uma abordagem interdisciplinar que lhe confere a legítima condição de explicar os complexos processos sistêmicos que envolvem a sociedade e a natureza, assim como as interações e as interconexões da biosfera e os seus processos biogeoquímicos.

> A Química Ambiental é, hoje, reconhecida como o maior e mais natural exemplo da inter multidisciplinaridade [sic] da Química como ciência exata. Desta forma, quer os projetos de pesquisa na área de concentração, quer no ensino e avaliação da mesma, não se deve adotar uma abordagem reducionista. Não se deve esquecer que, em última análise ou a razão de ser desta disciplina, é ou são os ecossistemas, seus compartimentos abióticos e bióticos. Todas as questões abordadas que digam respeito a processos naturais e/ou afetados por ações antrópicas, quer da atmosfera, hidrosfera e geosfera/pedosfera, têm de ser tratadas de forma holística ou integrada.

> Isto equivale a dizer que a conceituação (teoria) que está por trás de cada cálculo matemático que se faça, isto é, os significados dos números que são levantados nas medidas de campo e laboratório ou computações que fazemos a todo momento, assume magistral importância. Não basta gerarem-se números ou resultados analiticamente precisos e exatos, se não se tem conhecimento dos significados biogeoquímicos e ecológicos dos mesmos.
> (Mozeto; Jardim, 2002, p. 8)

Apesar desse reconhecimento da importância da química, você pode questionar: As pesquisas envolvendo essa ciência sempre foram uma preocupação da humanidade?

Os segredos envolvendo a origem da vida e os mistérios da morte e da existência de tantas variedades de elementos na constituição biofísica da Terra sempre despertaram a curiosidade humana. A busca pelo conhecimento foi a inspiração e a fonte primordial de curiosidades e pesquisas. Naturalmente, ao longo da história, as dúvidas da humanidade foram sendo aprimoradas de acordo com as descobertas que ela fazia e com as novas necessidades que surgiam. Atualmente, a ciência dispõe de um vasto repertório de hipóteses e teorias que explicam a origem e o funcionamento do mundo nos limites que a própria ciência admite como incertos, e reconhece aspectos ainda inexplicáveis, expondo o conhecimento científico a refutações e a questionamentos, condição favorável à evolução de paradigmas.

Há alguns séculos, os alquimistas realizavam experimentos com reações químicas em busca de respostas para a transmutação de metais ou para produzir o elixir da vida eterna. Ao misturarem espécies de plantas e substâncias de origem animal, entre outras, eles iniciavam a jornada dos primeiros experimentos químicos em laboratórios que foram capazes de aliviar e de curar enfermos (Brody; Brody, 2000).

A ciência com propósitos e contextos distintos confere marcos na trajetória da civilização em busca da explicação sobre a origem da vida e os mistérios da morte. Ainda que essas respostas sejam complexas e, até o momento, inatingíveis, elas continuam sendo investigadas, pois os estudos e as experiências mudam continuamente o modo de viver e de conceber o mundo, tendo em vista as descobertas e as invenções que advêm desses estudos.

Dando um salto na história, alcançamos o contexto da química moderna, que teve início com as pesquisas de Antoine-Laurent de Lavoisier. Baseado em suas investigações sobre reações químicas, ele formulou a lei de conservação das massas, que deu origem a sua famosa frase utilizada por nós como epígrafe deste livro: "Na natureza, nada se cria, nada se perde, tudo se transforma" (Lavoisier, citado por Martins, 2010). Desde então, os avanços da ciência trouxeram o aprimoramento das experiências da alquimia, o que levou a humanidade a realizar incríveis descobertas. As conquistas atribuídas à química são muito representativas e incluem a produção de alimentos e de medicamentos farmacológicos e avanços tecnológicos, a exemplo da exploração espacial, das tecnologias digitais e das nanotecnologias (Vanin, 2010). Houve desenvolvimento das pesquisas e os resultados foram aplicados em variadas áreas numa profunda relação que agrega os elementos naturais e os elementos sintetizados.

> Um mundo sem a ciência Química seria um mundo sem materiais sintéticos, e isso significa sem telefones, sem computadores e sem cinema. Seria também um mundo sem aspirina ou detergentes, shampoo ou pasta de dente, sem cosméticos, contraceptivos, ou papel – e, assim, sem jornal ou livros,

---

Antoine-Laurent de Lavoisier (1743-1794) foi um químico francês que, em 1785, formulou a lei de conservação das massas, a qual também recebeu o nome de lei de Lavoisier, em homenagem ao seu criador. O estudioso francês fez experiências em que pesava substâncias antes e depois de reações químicas, e verificou que a massa total do sistema permanecia inalterada quando as reações ocorriam num sistema fechado. Assim, ele concluiu que a soma total das massas das substâncias envolvidas em reações químicas é igual à soma total das massas das substâncias produzidas por essas reações (os produtos), ou seja, num sistema fechado, a massa total permanece constante.

colas ou tintas. Enfim, sem o desenvolvimento proporcionado pela ciência Química, a vida, hoje, seria chata, curta e dolorida! (Zucco, 2011)

Nessa trajetória, o conhecimento sobre a química começou a ganhar consistência teórico-metodológica com a descoberta de substâncias que foram gradativamente sendo aprimoradas e sintetizadas. Hoje, os produtos químicos sintéticos representam uma porção significativa no consumo diário da população mundial e também na causa de impactos ambientais. O mundo contemporâneo abriga uma sociedade que vive sob condições extremas entre riqueza e pobreza, avanços e retrocessos, num processo gerador de desigualdades (Hobsbawm, 1995).

A manipulação humana de elementos, compostos e processos químicos refere-se a um capítulo decisivo na história. As transformações no planeta em razão da ação antrópica são tão intensas que, em 1995, Paul Josef Crutzen, ao ganhar o Prêmio Nobel de Química, popularizou o termo Antropoceno, sugerindo-o como a nova era geológica da Terra. Embora não haja consenso sobre a definição oficial divulgada pela Organização Internacional de Geologia (International Union of Geological Sciences), o termo sugere uma nova era geológica causada pelas atividades humanas, sobretudo em virtude do aumento da emissão dos gases do efeito estufa (GEE).

Ressaltamos, porém, que o efeito estufa é um fenômeno natural essencial para a vida. Sem ele, a temperatura média do planeta seria 33 °C menor que a atual. De acordo com Artaxo (2014a), os principais GEE que realizam a retenção de calor, em ordem de importância e de volume atmosférico, são: vapor da água, dióxido de carbono (CO_2), metano (CH_4), óxido nitroso (N_2O) e outros com menor participação, como hidrocarbonetos e clorofluorcarbonetos (CFCs). Em equilíbrio, esses gases são

---

Paul Josef Crutzen, nascido em 1933, é um químico holandês, ganhador do Prêmio Nobel de Química (junto com os químicos Mario José Molina, do México, e Frank Sherwood Rowland, dos Estados Unidos) em 1995, por sua pesquisa pioneira sobre a depleção da camada de ozônio causada por clorofluorcarbonos (CFCs) (Viola; Basso, 2016).

responsáveis pela vida na Terra; por isso, o desequilíbrio entre eles pode acarretar problemas ambientais.

Figura I.2 – Antropoceno

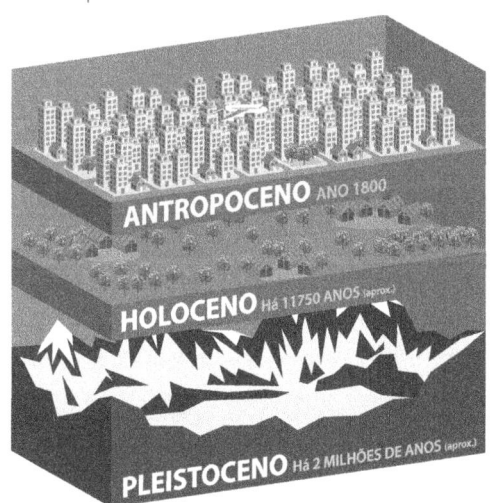

Fonte: Adaptado de Equipe..., 2016.

Nesse sentido, a atividade antrópica refere-se a fatores que impulsionam alterações no meio ambiente. Entre eles, citamos o aumento da demanda dos recursos naturais, as mudanças no padrão do solo e as alterações biofísicas das paisagens, sobretudo com os processos de industrialização e de urbanização, que ocasionam fenômenos climáticos como ilhas de calor, inversão térmica, chuvas ácidas, enchentes urbanas e estiagens prolongadas (Conti; Furlan, 2005).

Partindo dessas premissas, apresentaremos na sequência os fundamentos e os conceitos da química ambiental a fim de demonstrarmos que essa ciência alia estudos sobre a relação entre a sociedade e a natureza. Dessa forma, ela oferece aos gestores ambientais um conhecimento capaz de superar fronteiras disciplinares e paradigmas científicos em busca de alternativas, soluções e inovações para a vida no século XXI.

1.1 Conhecimento científico e questões ambientais

Se você fosse convidado a compor uma matéria sobre a crise ambiental, o que escreveria? Quais seriam as palavras-chave e as ideias que você usaria para representar a crise ambiental? Os meios de comunicação apresentam com frequência manchetes sensacionalistas sobre a destruição ambiental do planeta, mas será que os meios de comunicação refletem o pensamento científico ou opiniões do senso comum? Essas questões são oportunas porque permitem que façamos uma autoavaliação sobre o quanto sabemos sobre esse assunto. Por isso, convidamos você a discutir esse tema conosco em busca de respostas.

A maior parte dos cientistas poderia argumentar que o problema ambiental se deve prioritariamente à superpopulação mundial.

> Éramos cerca de 700 milhões em 1750, no início da Revolução Industrial e, somente no século XX, a população humana cresceu de 1,65 para 6 bilhões. Tal crescimento populacional fez pressões importantes sobre os recursos naturais do planeta. A necessidade crescente de fornecimento de alimentos, água, energia e mais recentemente de bens de consumo em geral está transformando a face da Terra. (Artaxo, 2014b, p. 15)

Atualmente, o planeta abriga 7,3 bilhões de seres humanos que frequentemente extrapolam os limites da natureza, a exemplo do desperdício de recursos naturais, como água potável, da alteração da fertilidade natural do solo e da omissão em relação à preservação da biodiversidade. O crescimento da população e, com ele, da exploração dos recursos naturais desde o início da Revolução Industrial no século XVIII tem sido devastador e intenso, sobretudo em razão dos modelos de produção e de consumo mundial.

Observe, no Gráfico 1.1, a seguir, o crescimento exponencial da população mundial e a projeção para o ano de 2100. Procure refletir sobre a relação entre o crescimento populacional e o aumento da demanda por recursos naturais. Quais seriam os possíveis desafios a serem enfrentados? Quais alternativas e soluções você destacaria para amenizar ou resolver esses desafios?

Gráfico 1.1 – Crescimento da população mundial

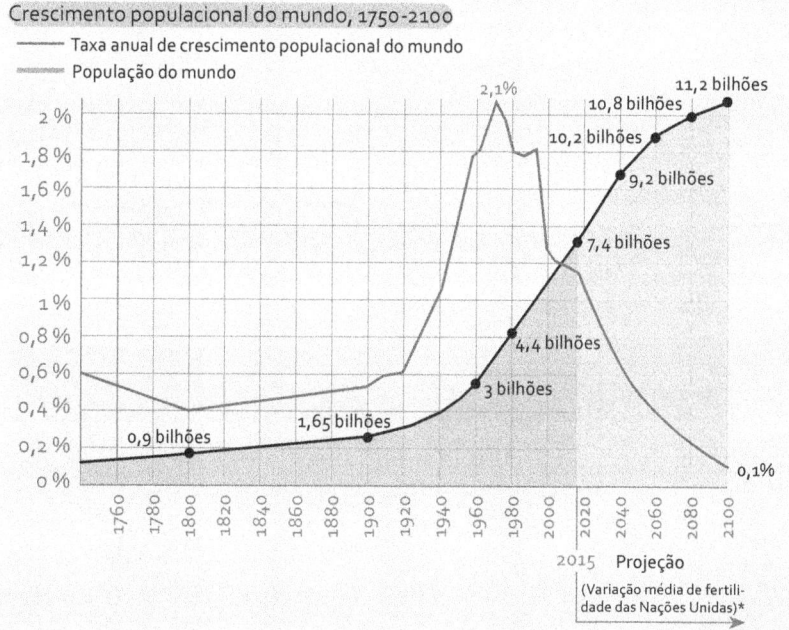

Fonte: Adaptado de Roser, citado por Roser; Ortiz-Ospina, 2017, tradução nossa.

O entendimento sobre a relação entre a demanda da humanidade e a disponibilidade dos recursos naturais é distinto dependendo do campo de conhecimento, uma vez que cada profissional apresenta perspectivas peculiares sobre os temas ambientais. Nesse sentido, Enrique Leff (2006) afirma que é necessário esforço e colaboração em abordagens de caráter multidisciplinar, e essa condição se volta para os profissionais e pesquisadores que atuam na gestão ambiental e que devem privilegiar as possibilidades que aproximem e integrem as equipes de diferentes áreas do conhecimento. Para operacionalizar essa abordagem, é possível investigar a produção do conhecimento científico e as questões ambientais por meio da relação entre a sociedade e a natureza.

Partindo da leitura de Milton Santos (2006), a relação entre a sociedade e a natureza pode ser dividida em três períodos: período natural, período técnico e período técnico-científico-informacional, conforme ilustrado na Figura 1.3, a seguir.

Figura 1.3 – Períodos da relação entre a sociedade e a natureza

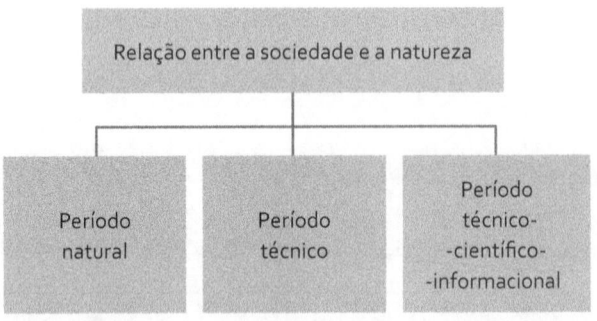

Fonte: Adaptado de Santos, 2006, p. 38.

O processo de transição entre o primeiro e o terceiro períodos avançou à medida que a humanidade desenvolveu o seu conhecimento pela observação, pela experimentação e pela criação de instrumentos rústicos que a ajudaram a realizar ações cotidianas, como cortar, serrar, cozinhar e abrigar-se, entre outras. No período natural, o homem vivia em harmonia com a natureza e prevalecia o equilíbrio ambiental. Contudo, a cada progresso e domínio técnico, houve um distanciamento entre eles e, ao mesmo tempo, ambos mutuamente transformaram-se. Trata-se, portanto, de uma relação dialética.

O período técnico corresponde à mecanização dos processos, ao avanço no uso de ferramentas e de objetos e à criação de técnicas diversas, criando espaços híbridos, isto é, espaços em que o urbano e o rural se encontram dando origem às metrópoles e às megalópoles. Nesse período, emergiu o processo de industrialização, quando houve uma profunda modificação do sistema produtivo. A divisão internacional do trabalho associada à urbanização demandou um aumento expressivo no uso dos recursos naturais e uma pressão crescente sobre os ecossistemas. Os impactos ambientais, nesse período, são evidentes e ampliaram o distanciamento da relação entre o homem e a natureza numa condição nociva à vida do planeta.

O terceiro período distingue-se dos anteriores pela interação entre a ciência e a informação, sobretudo com a globalização contemporânea, em que o espaço deixa de ser natural para torna-se cada vez mais artificial e, até mesmo, virtual. Nesse período, é intensa a ruptura da relação entre o homem e a natureza. Entretanto, esse processo não é homogêneo ao redor do planeta, ocasionando descompassos não só na configuração espacial, como também no ritmo em que o espaço e o tempo se organizam. Quanto mais intensa for a atuação do capital, maior será essa segregação entre o social e o natural e o aumento da velocidade e da intensidade da exploração dos recursos naturais, ideia presente na noção da destruição criativa, de David Harvey (2011, p. 151):

> O chamado "ambiente natural" é objeto de transformação pela atividade humana. [...] A longa história de destruição criativa sobre a terra produziu o que é às vezes chamado de "segunda natureza" – a natureza remodelada pela ação humana. Há muito pouco, ou nada, da "primeira natureza", que existia antes de os seres humanos povoarem a terra. [...] Nos últimos três séculos, marcados pela ascensão do capitalismo, a taxa de propagação e destruição criativa sobre a terra tem aumentado enormemente.

Dessa maneira, o descompasso da relação está presente nos modos de produção, assim como na produção da ciência. Nos séculos XVII e XVIII, Isaac Newton demonstrou matematicamente que os processos naturais poderiam ser descritos por leis gerais. De acordo com Thomas Samuel Kuhn (2006), um paradigma é composto de suposições teóricas gerais e de leis e técnicas para a sua aplicação adaptadas por uma comunidade científica específica. No método científico ciência, a mecânica newtoniana e o racionalismo cartesiano impuseram um ritmo marcado pelo determinismo de caráter pragmático. O paradigma newtoniano-cartesiano ganhou relevância por meio do método experimental-matemático, que consiste em isolar o fenômeno de seu meio, e analisar o evento em verificações repetitivas até a descoberta de um padrão que traduza uma lei universal e comprovada cientificamente. Assim, a natureza é vista como um recurso a ser explorado, e o antropocentrismo acentua a dicotomia homem-natureza e concebe a totalidade pelo somatório de suas partes (Kuhn, 2006; DeMeis, 2005).

O paradigma newtoniano-cartesiano passou a ser substituído à medida que não conseguia apreender a complexa realidade

---

Isaac Newton (1643-1727) foi um cientista inglês que consolidou o método racional dedutivo de René Descartes ao criar os princípios da mecânica – assim, surgiu o paradigma cartesiano-newtoniano. Esse paradigma se caracteriza por propor uma visão mecanicista do conhecimento, composto de várias partes menores. Para entender o funcionamento de uma máquina, por exemplo, é preciso desmontá-la ou dividi-la em suas partes. Isto é, fragmentar para conhecer.

quando observada em seu fluxo sistêmico. Assim, no cenário de mudança de paradigmas, institui-se a ideia segundo a qual a realidade deve ser apreendida por meio da abordagem sistêmica, evitando uma visão parcial de determinado objeto ou fenômeno. Luís Henrique Ramos de Camargo (2012, p. 54), retomando a ideia de Jarbas Maciel (1974), afirma que "a noção de sistema é bastante primitiva no sentido de que ele se aplica a quase tudo que existe e é complexo e organizado. Por sistema podemos entender um conjunto de elementos quaisquer ligados entre si por cadeia de relações de modo a constituir um todo organizado".

A teoria geral dos sistemas foi elaborada por Ludwig von Bertalanffy em 1930 e estabeleceu a necessidade da interconectividade holística dos fenômenos para a superação da fragmentação do conhecimento. Essa teoria considera um conjunto de definições, postulados e proposições que tratam a realidade como uma hierarquia de organização integrada de energia e de matéria. Segundo Antonio Christofoletti (1979, p. 57):

> a organização do conjunto é decorrente das relações entre os elementos, e o grau de organização entre eles confere o estado e a função de um todo. Cada todo está inserido em um conjunto maior, o universo que é formado por subsistemas, compreende a soma de todos os fenômenos e dinamismos em ação.

Assim, novas teorias colocaram em dúvida as certezas e os absolutismos científicos. Entre elas, destacamos a teoria da relatividade, de Albert Einstein (1879-1955) e a teoria da mecânica quântica, de Max Planck (1858-1947). A primeira questionou os conceitos tradicionais de tempo e de espaço. A segunda derrubou introduziu na física as noções de probabilidade matemática. De acordo com Camargo (2012), o avanço da ciência proporcionado pela mecânica quântica aponta expressivas mudanças na cadeia de produção do conhecimento acadêmico, demonstrando coerência entre os propósitos e os desafios do mundo contemporâneo, pois permite ler o mundo em movimento sob diferentes ângulos e reconhece a sua natural desordem.

> O advento da física quântica, sobretudo, de sua filosofia foi fundamental para a reestruturação da leitura social e também para a revolução do método científico que está em vias de desenvolvimento. Questões como o princípio da incerteza e interconectividade, por exemplo, são fundamentais para compreendermos os gritantes erros quer permeiam nosso imaginário da realidade, ainda moldado pelos princípios cartesiano-newtoniano. (Camargo, 2012, p. 29)

No contexto da gestão ambiental – e para aqueles que buscam compreender o meio ambiente, ou, simplesmente, *ambiente* –, é preciso considerar as relações complexas geradas pela articulação de processos de ordem física, biológica, termodinâmica, econômica, política e cultural. De acordo com Leff (2006, p. 17): "o ambiente não é apenas a ecologia, mas a complexidade do mundo". Portanto, o ambiente envolve, sobretudo, a constante transformação da relação entre a sociedade e a natureza, implicando a necessidade de conhecer as formas de apropriação do mundo que se inscreve nas relações de conhecimento, de exploração da natureza e de exploração do homem pelo homem. A ênfase na inter-relação entre diferentes áreas do conhecimento caracteriza uma nova perspectiva para o conhecimento ambiental, ou *saber ambiental*. De acordo com Leff (2006), as questões ambientais se inserem em campos de conhecimento híbridos que demandam métodos compatíveis para a adequada relação de ensino-aprendizagem. Esses métodos, por sua vez, consistem em novos saberes e em novos paradigmas científicos.

Para Camargo (2012) e Leff (2006), a abordagem sistêmico-complexa contempla um enfoque oportuno à formação do conhecimento ambiental, uma vez que possibilita superar a fragmentação e o isolamento do conhecimento. Corroborando essa noção, Edgard Morin (2000) desenvolveu o pensamento complexo, visando resolver questões como a dicotomia sujeito-objeto do conhecimento, a perda da capacidade de integração, a descontextualização das abordagens e a ausência de conexão entre o conhecimento teórico e a realidade – incluindo a incerteza e a desordem natural do mundo, contribuindo para a compreensão multidimensional da realidade. Assim, a complexidade acontece

> quando elementos diferentes são inseparáveis constitutivos do todo (como o econômico, o político, o sociológico, o psicológico, o afetivo, o mitológico), e há um tecido interdependente, interativo e inter-retroativo entre o objeto do conhecimento e seu contexto, as partes e o todo, o todo e as partes, as partes entre si. (Morin, 2000, p. 38)

Dessa maneira, sociedade e natureza coexistem e fluem em escalas variadas, porém conectadas. A integração do espaço na abordagem sistêmico-complexa contribui para a compreensão do ambiente, na medida em que princípios, como o da interconectividade, incidem no reconhecimento da relação entre subsistemas e grandes sistemas de tal maneira que não há florestas nem culturas intocadas; a relação direta ou indireta dos processos sociais e naturais determina ou influencia os mais remotos lugares do planeta e o faz de maneira sistêmica.

> Uma das características da Terra é a interdependência das partes que formam o conjunto. A conexão é geral, de forma direta ou tênue, sendo impossível "compreender" qualquer aspecto isolado sem referência a sua função como parte do conjunto do mundo. Quando o homem provoca alterações no seu ambiente, visa normalmente um fim imediato e óbvio. Por exemplo, a construção de uma casa, evidentemente, altera o meio pelo fato de substituir um trecho de grama ou floresta por um bloco de concreto, madeira e vidro. Mas a mudança não se resume a isso. A construção irá alterar parcialmente o clima circundante, o clima modificado alterará o caráter do solo e da vegetação vizinha [...]. O telhado conduzirá as águas da chuva diferentemente do que faria a vegetação preexistente, e assim por diante. (Drew, 2010, p. 19)

O reconhecimento da sensibilidade dos sistemas naturais implica entender potencialidades e fragilidades que comportam variáveis instáveis, fluidas, e, algumas, desconhecidas (Conti; Furlan, 2005). A instabilidade e a interdependência da dinâmica ambiental demandam novos paradigmas com base nas teorias sistêmicas e da complexidade que apresentamos anteriormente, que acolhem o princípio da incerteza. Esse princípio consiste em interpretar o limite da ciência como parte da resposta para assumir posturas de precaução diante do que Ulrich Beck (2002) denomina *sociedade de risco*.

> De todas as contribuições à construção da mecânica quântica, o princípio de incerteza de Heisenberg pode ser apreendido como o que atinge, em termos

epistemológicos, mais profundamente a comunidade científica. Isso porque diferentemente das outras descobertas e invenções, esse princípio não só contribuiu para a consolidação de uma nova teoria no campo da física do mundo microscópico, mas sobretudo, por sua contribuição à teoria do conhecimento. (Romão; Ribeiro; Romão, 2011, p. 5, grifo do original)

Outro princípio, o da precaução, visa à adoção de medidas de cuidado prévio com o ambiente tendo em vista a falta de certezas científicas, sempre que houver ameaça de danos sérios ou irreversíveis. No direito brasileiro, esse princípio foi incorporado ao art. 225 da Constituição da República Federativa do Brasil, de 5 de outubro de 1988 (Brasil, 1988), em seu *caput* e no parágrafo 1º, inciso V. Esse princípio é embasado tanto na Política Nacional do Meio Ambiente – Lei n. 6.938, de 31 de agosto de 1981 (Brasil, 1981), art. 2º e art. 4º, inciso I e IV – quanto na Lei de Crimes Ambientais – Lei n. 9.605, de 12 de fevereiro de 1998 (Brasil, 1998), art. 54, parágrafo 3º. O princípio da precaução consta também na *Declaração do Rio de Janeiro sobre Meio Ambiente e Desenvolvimento* (ONU, 1992) e expressa na *Carta da Terra* (Comissão da Carta da Terra, 2000).

É importante ressaltarmos que a incerteza não deve ser interpretada como fragilidade científica, mas como um novo paradigma que permite questionar a ciência. Assim, podemos admitir que a ciência busca caminhos compartilhados para entender e encontrar soluções para a crise ambiental, uma vez que esse fenômeno é resultado de um sistema dinâmico e complexo, considerando a relação entre a sociedade e a natureza e admitindo a incerteza científica como parte da resposta.

No Quadro 1.1, apresentamos uma síntese do que discutimos até agora. Nele, comparamos o paradigma cartesiano-newtoniano (clássico) e o paradigma sistêmico-complexo evidenciando particularidades que repercutem no campo do conhecimento ambiental. Note que características como oportunidade de inter-relações, transformações e evoluções estão expostas a variáveis como acaso, auto-organização e retroalimentação, relatividade que atribui condições adequadas à investigação dos temas ambientais, uma vez que podemos concebê-los como sistêmicos. Embora haja a necessidade de superação de paradigmas na trajetória da produção científica, é preciso reconhecer que processos e teorias anteriores contribuíram de maneira decisiva para o avanço da ciência (Prigogine; Stengers, 1992).

Quadro I.1 – Comparação de paradigmas

	Paradigma clássico	Paradigma sistêmico
Fragmentação	A totalidade é subdividida em partes isoladas e individuais	Não existem partes em absoluto, apenas frações interconectadas ou sistemas interconectados
Mutabilidade × Imutabilidade	O universo é imutável, estável e sincrônico	O universo está em constante mutabilidade, mudança
Totalidade	A totalidade é igual à soma das partes	A totalidade como sistema de evolução é sempre superior ao somatório de seus subsistemas interconectados
Dinâmica interna	É repetida, cíclica	O planeta vive em constante processo de revolução interna causada por sua própria dinâmica de trocas não lineares e por seus mecanismos de *feedback*

(continua)

(Quadro 1.1 – conclusão)

	Paradigma clássico	Paradigma sistêmico
Previsibilidade	O universo é previsível, pois é fechado e circular (onde ocorre o eterno retorno)	O universo é dinâmico e aceita o acaso como elemento científico fruto da combinação de variáveis
Certeza	O conhecimento científico poderia levar à certeza final e absoluta	Os conceitos atuais são limitados e a ciência nunca deixa de evoluir
Dinâmica interna dos sistemas	Estruturalista	O espaço está sempre em movimento em virtude do princípio da auto-organização
Conceito de espaço geográfico	Espaço absoluto de base newtoniana	Espaço-tempo quadridimensional que surge com a teoria da relatividade

Fonte: Adaptado de Camargo, 2012, p. 47.

Pelo exposto, podemos afirmar que a abordagem ambiental sob a perspectiva sistêmico-complexa é oportuna à gestão ambiental, tendo em vista que contribui para a compreensão relacional entre distintos sistemas, pois considera suas potencialidades e fragilidades e vai além de uma relação matemática de oferta/demanda para o gerenciamento das atividades produtivas. No item a seguir, vamos discutir possíveis respostas, alternativas e encaminhamentos diante da atual relação entre a sociedade e a natureza. Procuraremos analisar alternativas ao modelo econômico e demonstrar as contribuições da ciência e da tecnologia na remediação de impactos ambientais, assim como no resgate e na valorização de práticas tradicionais no manejo da natureza.

1.2 Desenvolvimento sustentável e química ambiental

Conforme avançamos nos estudos, nossa capacidade de interpretar a realidade e estabelecer conexões com o conhecimento é ampliada. Partindo dessa ideia, você pode pensar que a resposta da ciência e da sociedade para entender e resolver a crise ambiental inclui considerar os modelos de produção e de consumo que predominam em grande parte do mundo. Vamos refletir sobre as questões a seguir:

- Quais são os principais motivos que levam a sociedade global a buscar um modelo de desenvolvimento sustentável?
- Por que o desenvolvimento sustentável é hoje uma das alternativas para a crise ambiental?
- Quais são as contribuições da química ambiental para o desenvolvimento sustentável?

Atualmente, a sociedade global busca modelos alternativos de desenvolvimento com o objetivo de amenizar a exploração depredatória dos recursos naturais e o acúmulo de resíduos e efluentes tóxicos no ambiente. Mas nem sempre foi assim. A preocupação com os impactos ambientais, assim como com os limites dos recursos naturais, emerge dos desafios enfrentados pela humanidade diante do modelo econômico, sobretudo capitalista, que instaurou uma rápida e intensa exploração da natureza aliada a impactos ambientais, sem que houvesse medidas preventivas ou responsabilidade em relação aos impactos gerados.

Ao realizarmos uma breve revisão histórica dos movimentos ambientalistas, é possível identificarmos marcos que foram essenciais para que hoje as questões ambientais tenham assumido uma importante condição na determinação de relações internacionais e políticas e de modelos econômicos que incluem como premissa a gestão ambiental.

O cenário mundial que antecede a efervescência dos debates ambientais coincide com crises relacionadas, sobretudo, a temas geopolíticos e econômicos, como a desorganização após a Primeira e a Segunda Guerra Mundiais, a transição de regimes político-econômicos, o fim do socialismo, a emergência do capitalismo e a reivindicação dos países explorados pelo regime imperialista. Nesse cenário, destacamos momentos e eventos que são representativos dessas crises. A bióloga Rachel Carson chamou a atenção do mundo para os perigos da intervenção antrópica em seu livro *Primavera silenciosa* (*Silent Spring*), publicado em 1962, e expôs os riscos do uso indiscriminado dos agrotóxicos. Desde então, movimentos ambientalistas ganham notoriedade não apenas como ideologia ou contracultura, mas também como necessidade evidente de mudanças de paradigmas que possam encaminhar a sobrevivência das espécies partindo de uma transformação da relação entre a sociedade e a natureza.

Um dos marcos mais importantes rumo à consolidação dos debates sobre as questões ambientais aconteceu na Conferência sobre o Meio Ambiente promovida pela Organização das Nações Unidas (ONU) em Estocolmo, Suécia, em 1972. A importância desse evento deve-se a divulgações, tratados e declarações que culminaram em propostas de planos alternativos visando à responsabilidade socioambiental.

A partir dessa conferência, os movimentos ambientalistas associados aos eventos internacionais com participação dos governos impulsionaram a busca por modelos de desenvolvimento aliados à ideia de ecodesenvolvimento, descrita na Carta de Direitos e Deveres Econômicos dos Estados de 1974 – Resolução 3.281, de 12 de dezembro de 1974 (ONU, 1974), aprovados pela ONU, com foco central em discutir e viabilizar o desenvolvimento econômico e a ecologia. Pensando nessa temática, Ignacy Sachs (1993) – considerado precursor do conceito de *desenvolvimento sustentável* oficializado no documento intitulado *Nosso futuro comum*, definido pela Comissão Mundial sobre o Meio Ambiente e Desenvolvimento (Comissão Mundial..., 1991), também conhecido como *Relatório Brundtland* – preconiza uma gestão mais racional dos recursos naturais. Nesse relatório, o desenvolvimento sustentável é definido como "aquele que atende às necessidades do presente sem comprometer a possibilidade de as gerações futuras atenderem a suas próprias necessidades" (Comissão Mundial..., 1991, p. 46).

Dessa maneira, o Relatório Brundtland propõe aliar a sustentabilidade ambiental a temas que centralizam a conservação da biodiversidade e o manejo dos recursos naturais nos modelos produtivos. Houve outros encontros produzidos pela ONU que são importantes para as discussões ambientais, como a Conferência das Nações Unidas sobre o Meio Ambiente e o Desenvolvimento, mais conhecida como Rio 92, realizada no Rio de Janeiro, em 1992, que foi reforçada pela Cúpula Mundial sobre Desenvolvimento Sustentável, conhecida como Rio+10, realizada em Joanesburgo, na África do Sul, em 2002, e a Conferência das Nações Unidas sobre Desenvolvimento Natural, conhecida como Rio+20, realizada novamente no Rio de Janeiro, em 2012.

Embora haja críticas na literatura sobretudo devido ao distanciamento entre os discursos e as práticas ambientais, os debates e as ações promovidas pelos ambientalistas, assim como os acordos internacionais, correspondem a avanços significativos para consolidar políticas públicas, elaborar a legislação ambiental e, de maneira geral, promover o avanço da ciência e a participação social.

Os modelos de produção e de consumo predominantes em escala mundial estão fundamentados no capitalismo e numa relação depredatória e nociva com o meio ambiente, o que demanda uma urgente mudança na lógica de produção, de consumo e de descarte. De acordo com Clóvis Cavalcanti (2004; 2010), a extração de recursos naturais, o processamento, o consumo e, posteriormente, o lançamento de dejetos na natureza são processos do sistema econômico que tendem a ser impactantes ao meio ambiente. Por isso, a proposta do desenvolvimento sustentável, para além das críticas, refere-se a um marco importante na história mundial. Nesse sentido, os debates, os tratados e os acordos internacionais, diante da necessidade de assegurar o menor impacto ambiental dos processos e de gerar as reflexões sobre os hábitos de consumo, conferem uma revolução, provavelmente lenta, mas que demonstra ser progressiva e, sobretudo, indica a possibilidade de encontrar respostas para melhorar a relação entre a sociedade e a natureza no século XXI. Para Cavalcanti (2010), o desenvolvimento sustentável é concebido como um processo social e ambiental em que há a minimização do uso de recursos naturais e do consumo de energia, a redução dos resíduos provenientes das atividades ou do consumo antrópico e a ampliação do bem-estar social e da qualidade ambiental.

Há, porém, nessa relação, uma grande dificuldade para harmonizar a demanda dos modelos de produção e do consumo capitalista com a capacidade de suporte e de resiliência dos ecossistemas naturais. Para tanto, a ciência, os governos e o setor empresarial devem desenvolver políticas de proteção e de incentivo à conservação da natureza e de responsabilidade social. Embora não vivamos ainda uma situação ideal, o desenvolvimento sustentável confere um movimento que favorece a busca por alternativas aos modelos nocivos de produção e de consumo. Além disso, a agricultura familiar, a mudança no hábito do consumo e a atenção ao descarte de produtos conferem importantes ações e reflexões rumo à sustentabilidade.

Desde a Conferência realizada em Estocolmo, em 1972, e, mais recentemente, após o encontro da Rio+20, representantes sociais vêm debatendo o modelo de desenvolvimento econômico e apresentando propostas para o alcance da sustentabilidade ambiental. Atualmente, podemos afirmar que as alternativas propostas pela ciência e pela tecnologia, assim como o resgate de atividades tradicionais no manejo com a natureza, conferem rumos importantes para uma nova relação entre a sociedade e o meio ambiente. Nessa condição, alguns autores apontam que o problema ambiental é ainda uma questão ética e moral, pois envolve políticas e economias inadequadas à prática do desenvolvimento sustentável. A Figura 1.4, a seguir, representa dimensões estruturais da sustentabilidade que atuam de maneira articulada.

Figura I.4 – Dimensões estruturais da sustentabilidade

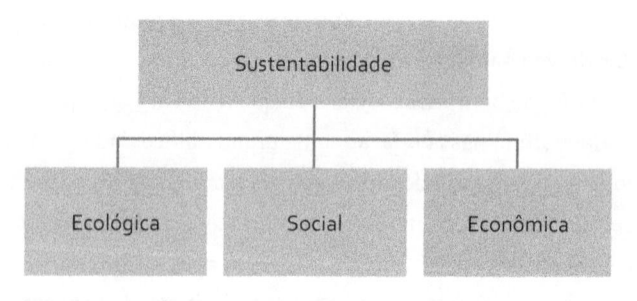

```
                    ┌─────────────────┐
                    │ Sustentabilidade │
                    └─────────────────┘
                             │
           ┌─────────────────┼─────────────────┐
    ┌──────────┐       ┌──────────┐       ┌──────────┐
    │ Ecológica │       │  Social  │       │ Econômica │
    └──────────┘       └──────────┘       └──────────┘
```

Fonte: Elaborado com base em Cavalcanti, 2010, p. 60-61.

De acordo com José Eli da Veiga (2008; 2013), o desenvolvimento sustentável também corresponde a uma possibilidade de mudanças nos modelos de produção e de consumo com o objetivo de encontrar caminhos alternativos para uma relação entre a sociedade e a natureza de maneira a sustentar a vida. No entanto, as estratégias e as políticas do desenvolvimento sustentável ainda demandam esforços e negociações que não estão devidamente determinadas. Portanto, a sustentabilidade, embora represente avanços na maneira como a sociedade percebe sua relação com os recursos naturais, encontra ainda obstáculos que limitam sua atuação, em muitos casos, a discursos, sem que haja efetivas ações e práticas em prol do meio ambiente.

Os tratados e os acordos internacionais relacionados ao desenvolvimento sustentável envolvem a sociedade global em esforços para a restauração do equilíbrio ambiental, assim como medidas preventivas para evitar ou minimizar impactos atuais e futuros. Trata-se de macroestratégias com o objetivo de conservação e de preservação da natureza, bem como de garantia dos direitos humanos, da justiça e da qualidade de vida à população mundial. As propostas denominadas *objetivos para o desenvolvimento sustentável* (ODS) resumem as principais metas negociadas em setembro de 2015, ano em que a ONU reuniu 193 países para discutir a Agenda 2030 para o enfrentamento dos principais problemas ambientais do mundo. Os ODS refletem demandas rumo a ações que podem contribuir para a qualidade social e ambiental no mundo. A Figura 1.5 demonstra quais são os 17 itens escolhidos como prioritários para o desenvolvimento sustentável.

Figura I.5 – Objetivos do desenvolvimento sustentável (ODS)

OBJETIVOS GLOBAIS
para o Desenvolvimento Sustentável

1 ERRADICAÇÃO DA POBREZA	2 FOME ZERO E AGRICULTURA SUSTENTÁVEL	3 SAÚDE E BEM-ESTAR	4 EDUCAÇÃO DE QUALIDADE	5 IGUALDADE DE GÊNERO	6 ÁGUA POTÁVEL E SANEAMENTO
7 ENERGIA LIMPA E ACESSÍVEL	8 TRABALHO DECENTE E CRESCIMENTO ECONÔMICO	9 INDÚSTRIA, INOVAÇÃO E INFRAESTRUTURA	10 REDUÇÃO DAS DESIGUALDADES	11 CIDADES E COMUNIDADES SUSTENTÁVEIS	12 CONSUMO E PRODUÇÃO RESPONSÁVEIS
13 AÇÃO CONTRA A MUDANÇA GLOBAL DO CLIMA	14 VIDA NA ÁGUA	15 VIDA TERRESTRE	16 PAZ, JUSTIÇA E INSTITUIÇÕES EFICAZES	17 PARCERIAS E MEIOS DE IMPLEMENTAÇÃO	OBJETIVOS GLOBAIS para o Desenvolvimento Sustentável

Fonte: Onubr, 2015.

Nesse contexto de discussões sobre os temas ambientais e sobre as propostas de desenvolvimento sustentável, vamos atribuir a seguir um breve, mas importante, enfoque à participação e à atuação da química ambiental.

Antes, esclarecemos que adotamos, neste livro, o nome *química ambiental* por ele incluir de maneira sistêmica a relação entre a sociedade e a natureza com distintos processos e magnitudes das escalas espaciais e temporais dos fenômenos que se manifestam entre o meio biofísico e as atividades humanas. Além disso, ela está atrelada ao desenvolvimento sustentável e demonstra forte potencial para ser uma alternativa de mudança diante da necessária transição de modelos desvinculados de responsabilidades para modelos que permitam o desenvolvimento social e econômico sem perder o respeito ao meio ambiente.

Encontrarmos na literatura os nomes química ambiental e química verde como semelhantes. Ambos tratam de produtos e de processos químicos que ocorrem na natureza devido à dinâmica dos ecossistemas ou às interferências antrópicas (Mozeto; Jardim, 2002). Apesar das semelhanças, ambos os nomes representam conceitos com peculiaridades distintas. A química ambiental mostra-se mais abrangente ao incluir processos biofísicos naturais e sociais, enquanto a química verde dedica-se com maior ênfase ao desenvolvimento e à aplicação de produtos e de processos químicos com o objetivo de diminuir ou de extinguir substâncias tóxicas, sobretudo aquelas geradas em processos industriais (Prado, 2003; Correa; Zuin, 2009).

Dessa maneira:

> Química verde, química ambiental ou química para o desenvolvimento sustentável é um campo emergente que tem como objetivo final conduzir as ações científicas e/ou processos industriais ecologicamente corretos. A plena aceitação e adoção deste novo campo de atividades da química nos anos recentes se devem ao esforço bem-sucedido de se acoplar os interesses da inovação química simultaneamente com os objetivos da sustentabilidade ambiental e com os objetivos de caráter industrial e econômico. A razão pela qual a química assumiu tamanha importância nestas últimas décadas se deve ao fato de que a química se situa no centro de todos os processos que impactam o meio ambiente, afetando setores vitais da economia. (CGEE, 2010, p. 10)

A química verde teve origem e seus primeiros fundamentos foram estabelecidos no final do século XX, inspirados pelos movimentos ambientais, especialmente pelo Ato de Prevenção à Poluição, dos Estados Unidos, publicada pela Agência de

Proteção Ambiental (Enviromental Protection Agency – EPA), que implantou um programa denominado *Rotas Sintéticas Alternativas para Prevenção de Poluição* (Alternative Synthetic Design for Pollution Preservation). O objetivo desse programa concentrava-se no fomento à pesquisa e ao desenvolvimento para substituir, prevenir ou amenizar a quantidade de compostos ou de elementos sintéticos nos processos industriais. Assim, surgiu a preocupação com elementos modificados em laboratórios e a falta de conhecimento sobre a capacidade de resiliência dos ambientes (Abramoway, 2012).

No ano de 1995, a química verde foi consagrada na premiação conhecida como The Presidential Green Chemistry Challenge Awards. Nessa premiação, foram exaltadas pesquisas e inovações para solucionar ou diminuir a produção de resíduos e efluentes tóxicos ou compostos sintéticos. Tal perspectiva ganhou repercussão internacional, estabelecendo parcerias e tratados de cooperação para ciência e tecnologia entre diversos países. No Brasil, ela ganhou notoriedade com o investimento em pesquisa e divulgação científica partindo da Universidade Federal de São Carlos, no Estado de São Paulo, sobretudo com o evento Escola de Verão em Química (EVQ). Em 1993, a EVQ inovou lançando a série de textos relacionados ao projeto, que trazia o conteúdo de um dos cursos oferecidos durante o evento na forma de livro. A primeira obra da série foi escrita pelo Professor Claude Spino. Em 2001, o material foi relançado, junto com dois novos volumes. Em 2003, o quarto volume da série, focando a química de produtos naturais, foi lançado e, em 2009, o quinto volume, focado em química verde, mostrando o continuado esforço da EVQ em gerar publicações sobre essa temática em língua portuguesa. Todos esses textos têm servido como referências para estudantes da área, inclusive com o primeiro deles sendo empregado como livro-texto em cursos de Química Orgânica.

Elementos sintéticos apresentam natureza instável e de meia-vida. São desenvolvidos em laboratórios pela combinação de dois átomos naturais, resultando em um terceiro átomo, não natural, isto é, sintético (Barbosa, 2011).

Você pode obter mais informações sobre a EVQ no site do programa, disponível em: <http://www.evqufscar.com.br/>.

Figura I.6 – Contribuições da química ambiental para o desenvolvimento

- Educação e pesquisas acadêmicas
- Processos industriais
- Química ambiental
- Incentivos governamentais
- Desenvolvimento de tecnologias

A trajetória da química ambiental caracteriza um esforço dos profissionais envolvidos nesse campo de conhecimento no sentido de promover inovações na ciência e na tecnologia capazes de apoiar o desenvolvimento sustentável e contribuir para a efetiva gestão ambiental.

Os principais temas relacionados à química ambiental no Brasil consideram a experiência nacional e as potencialidades da biodiversidade do país. Esses dois aspectos estão alinhados à demanda das indústrias de biorrefinarias (termoquímica e bioquímica), alcoolquímica, oleoquímica, sucroquímica e fitoquímica; de conversão de gás carbônico (CO_2); de bioprodutos, bioprocessos e biocombustíveis; e de energias alternativas. Aliar desenvolvimento social e econômico à preservação e à conservação ambiental tornou-se um dos maiores desafios da atualidade para as indústrias brasileiras.

De acordo com a Associação Brasileira da Indústria Química (Abiquim), uso de produtos químicos no Brasil divide-se entre os segmentos industrial e doméstico (Abiquim, 2013). Os fertilizantes representam a maior parcela do setor químico no Brasil, especialmente devido à importância das atividades agrícolas – assunto de que trataremos com maior atenção no Capítulo 2. Observe, no Gráfico 1.2, a seguir, o percentual de distribuição da indústria química por segmento.

Gráfico 1.2 – Indústria química por segmento no Brasil
Faturamento líquido da indústria química
brasileira por segmento – 2015*
Total US$ 112,4 Bilhões*

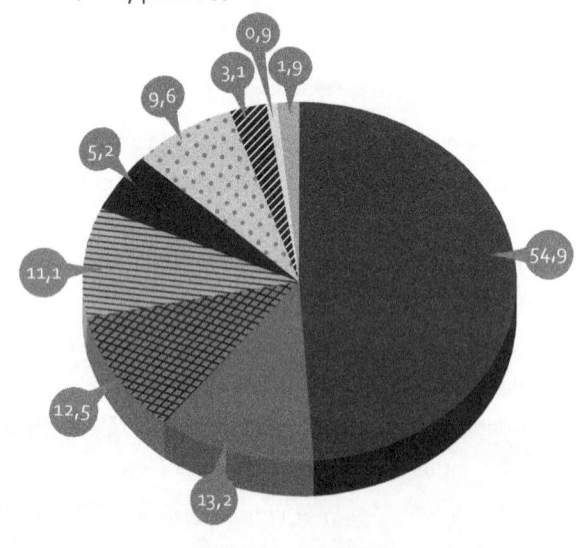

- Produtos químicos de uso industrial
- Produtos farmacêuticos (1)
- Fertilizantes
- Higiene pessoal, perfumes e cosméticos
- Defensivos agrícolas
- Produtos de limpeza e afins
- Tintas, esmaltes e vernizes
- Fibras artificiais e sintéticas
- Outros

Fonte: Elaborado com base em Abiquim, 2015, citada por Baglioni, 2016.

Apesar da importância da química ambiental para que os processos industriais sejam realizados de acordo com o desenvolvimento sustentável, é necessário que seus conceitos sejam implantados e mantidos. Para isso, é imprescindível que as empresas adotem modelos de gestão voltados para a questão ambiental, conforme veremos a seguir.

1.3 Sistemas de gestão ambiental: legislação e certificações

Como discutimos anteriormente, o desenvolvimento sustentável abrange modelos alternativos para a produção e para o consumo e, como tal, demanda gestão para a aplicação de técnicas e de tecnologias com o objetivo de preservar e conservar o meio ambiente. Essa perspectiva requer abordagens sistêmicas e complexas para direcionar o gerenciamento empresarial integrado.

Você sabe qual é função de um sistema de gestão ambiental (SGA)?

O SGA está vinculado aos princípios do desenvolvimento sustentável e visa mitigar ou prevenir danos ambientais ou adaptar os seus efeitos atribuindo credibilidade às atividades das empresas. O SGA deve respeitar a legislação ambiental, controlar os riscos ecológicos, monitorar os resíduos produzidos pelos processos produtivos e otimizar a logística das indústrias.

No Brasil, o Conselho Nacional de Meio Ambiente (Conama), por meio da Resolução n. 306, de 5 de julho de 2002 (Brasil, 2002), define *gestão ambiental* como "condução, direção e controle do uso dos recursos naturais, dos riscos ambientais e das emissões para o meio ambiente, por intermédio da implementação do sistema de gestão ambiental" (Brasil, 2002). Essa definição se molda

> Você sabe qual é função de um sistema de gestão ambiental (SGA)?

a cada modelo de empresa, negócio ou indústria. A legislação do Conama regulamenta princípios e conceitos que são apresentados como requisitos e parâmetros obrigatórios. Assim, o Anexo I, inciso XI da Resolução n. 306/2002 descreve como impacto ambiental:

> qualquer alteração das propriedades físicas, químicas e biológicas do meio ambiente, causada por qualquer forma de matéria ou energia resultante das atividades humanas que, direta ou indiretamente, afetam a saúde, a segurança e o bem-estar da população, as atividades sociais e econômicas, a biota, as condições estéticas e sanitárias do meio ambiente e a qualidade dos recursos ambientais. (Brasil, 2002)

Assim, de acordo com Mari Elizabete Bernardini Seiffert (2011), um SGA refere-se a uma estrutura organizacional capaz de avaliar e de controlar processos vinculados aos impactos ambientais de serviços e produtos. Para implantar um SGA, é preciso estabelecer e respeitar fatores que diferem a cada tipo de atividade, mas que podem ser agrupados em uma base comum, estabelecida pelas empresas, conforme demonstrado na Figura 1.7, a seguir.

Figura 1.7 – Fatores associados ao SGA

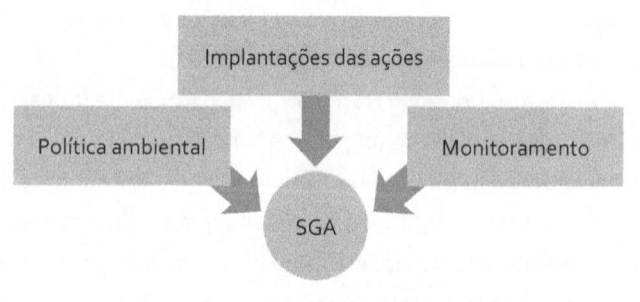

Fonte: Adaptado de Seiffert, 2011, p. 26.

A Associação Brasileira de Normas Técnicas (ABNT) apresenta especificações para a implantação do SGA visando ao desenvolvimento de práticas e de políticas para a administração sustentável por meio de diretrizes peculiares a cada ramo de atividade. As normas para a gestão ambiental correspondem a um dos princípios da norma ISO 14000, no qual constam conceitos comuns, e aos princípios da norma ISO 14001 (ABNT, 2004b), que diz respeito especificamente às diretrizes do SGA. As empresas que implementam o SGA são beneficiadas, conforme demonstrado no esquema da Figura 1.8, a seguir:

> As normas ISO são elaboradas pela Organização Internacional de Normalização (International Organization for Standardization – ISO). No Brasil, essas normas são publicadas pela ABNT.

Figura 1.8 – Benefícios da implantação do SGA

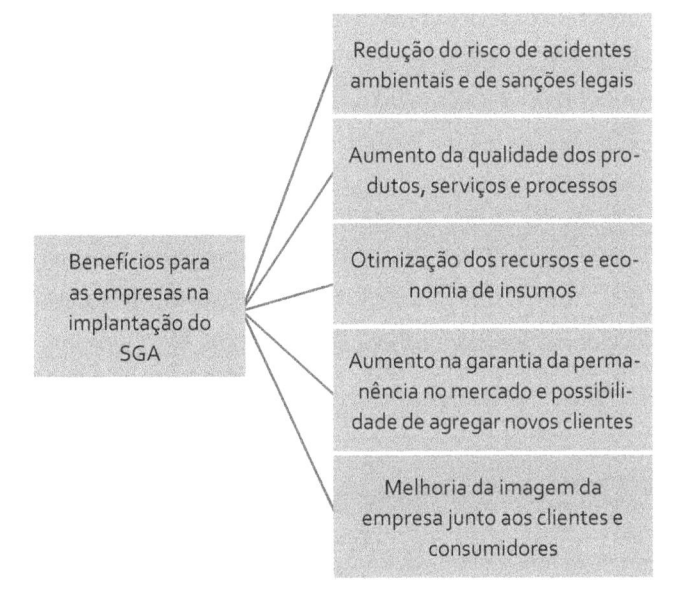

Benefícios para as empresas na implantação do SGA:
- Redução do risco de acidentes ambientais e de sanções legais
- Aumento da qualidade dos produtos, serviços e processos
- Otimização dos recursos e economia de insumos
- Aumento na garantia da permanência no mercado e possibilidade de agregar novos clientes
- Melhoria da imagem da empresa junto aos clientes e consumidores

Fonte: Elaborado com base em Pombo; Magrini, 2008, p. 5-6; Oliveira; Pinheiro, 2010, p. 53.

Para obter a certificação ambiental ISO 14001, as empresas devem seguir os critérios e as diretrizes descritas na norma. O processo de certificação tem duração aproximada de dois anos,

> Você pode encontrar mais informações sobre essas instituições nos seguintes *sites*: Fundação Carlos Alberto Vanzolini: <http://vanzolini.org.br>; Bureau Veritas Quality International: <http://www.bureauveritascertification.com.br/>.

dependendo do tamanho da empresa e da complexidade das atividades envolvidas. Há consultorias especializadas que desenvolvem capacitações e pré-auditorias com o objetivo de preparar funcionários para o processo de certificação, a qual pode ser obtida em instituições credenciadas, como a Fundação Carlos Alberto Vanzolini e a Bureau Veritas Quality International.

A abordagem da gestão ambiental envolvendo processos e produtos químicos demanda esforços sistêmicos e complexos perante as múltiplas interações entre os meios bioquímico, físico e social. As empresas desse segmento devem cumprir requisitos legais que estabelecem cuidados essenciais no manejo de processos industriais e de resíduos derivados dessas atividades. A obrigatoriedade do cumprimento da legislação ambiental é acolhida com responsabilidade por grande parte das indústrias químicas que, inclusive, se propõem a implementar melhorias de forma voluntária. Essa legislação trata de cuidados que incluem os processos em si e seus resultados a curto, a médio e a longo prazos. Especificamente, as pesquisas e as atividades profissionais em laboratórios químicos exigem cuidados preventivos devido à exposição aos produtos e aos riscos de acidentes de trabalho nas atividades associadas ao setor químico.

> Nas últimas décadas, a indústria química vem aprimorando sensivelmente seu conhecimento a respeito da prevenção de acidentes de trabalho. Esse conhecimento vem sendo reformulado, seja pelos modelos suplantados de gestão ou pela influência permeada na prevenção individual. As transformações em curso devem ser compreendidas levando-se em conta as mudanças nas condições e relações do trabalho para que a prevenção seja pensada na perspectiva dessas modificações. (Abiquim, 2013, p. 5)

No Gráfico 1.3, são mostradas algumas informações sobre o número dos dias perdidos ou debitados em razão de acidentes de trabalho.

Gráfico I.3 – Dias perdidos devido a acidentes de trabalho

Gravidade dos acidentes (Dias perdidos e debitados sobre as horas de exposição ao risco)

——— Total (próprio + contratados)

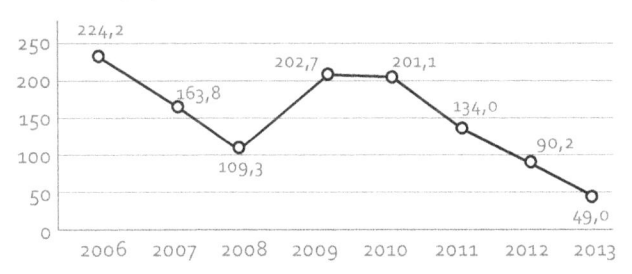

Ano	Valor
2006	224,2
2007	163,8
2008	109,3
2009	202,7
2010	201,1
2011	134,0
2012	90,2
2013	49,0

Fonte: Adaptado de Abiquim, 2013, p. 7.

Da mesma maneira, o processo e o manejo dos insumos e dos resíduos oriundos das atividades industriais implicam um gerenciamento responsável dos impactos ambientais. Englobam desde o planejamento e a gestão dos recursos naturais até a logística no retorno dos materiais à natureza. De acordo com a Abiquim (2013), em termos de gestão ambiental, a indústria química apresenta muitos desafios diante dos riscos que o manejo de processos e de produtos tóxicos apresentam tanto ao ambiente quanto à saúde humana. A gestão adequada desses processos vem sendo aprimorada por meio de princípios de responsabilidades que demonstram desafios e também avanços.

A implementação voluntária do Programa Atuação Responsável® fomentou nas empresas e nas indústrias do segmento químico o exponencial crescimento nos seus desempenhos, superando as normas ambientais e caracterizando de maneira qualificada o incremento de estudos, pesquisas e ações

"A gestão ambiental do Programa Atuação Responsável® é uma das ferramentas pela qual a indústria química se organiza interna e externamente para alcançar a qualidade ambiental desejada. Trata-se de um auxílio fundamental para orientar as empresas na adoção de ações preventivas, visando, de forma clara e objetiva, a [sic] identificação dos aspectos e perigos, além da avaliação dos impactos e riscos da atividade industrial no meio ambiente" (Abiquim, 2013, p. 10).

práticas de qualidade compatível com os princípios do desenvolvimento sustentável e da proatividade da gestão ambiental, que exige responsabilidade técnica (RT) dos profissionais da área química.

> O Programa Atuação Responsável é parte essencial na missão da Associação Brasileira da Indústria Química (Abiquim) de contribuir para a promoção da competitividade e do desenvolvimento sustentável da indústria química instalada no País. Mediante a implementação dos requisitos do Sistema de Gestão, publicado em dezembro de 2011, a indústria química reafirma o compromisso assumido, a partir de abril de 1992, em atender os elementos-chave do "Responsible Care Global Charter", do Conselho Internacional das Associações das Indústrias Químicas (ICCA). (Abiquim, 2013, p. 4)

Além das responsabilidades citadas, o setor químico também inclui em suas práticas a constante gestão ambiental envolvendo a Política Nacional de Resíduos Sólidos (PNRS) – descrita na Lei n. 12.305, de 2 de agosto de 2010 (Brasil, 2010b) e no Decreto n. 7.404, de 23 de dezembro de 2010 (Brasil, 2010a).

A PNRS caracteriza-se como um instrumento importante no enfretamento de problemas ambientais, sociais e econômicos relacionados ao controle, ao manejo e ao gerenciamento de resíduos sólidos. Em seu texto, descreve diretrizes para prevenir e para reduzir a geração de resíduos, partindo de premissas expressas no desenvolvimento sustentável e visando aos tratamentos desses resíduos, considerando processos como redução, reaproveitamento e reciclagem. Em último caso, processos de

---

Resolução Normativa n. 133, de 26 de junho de 1992, do Conselho Federal de Química (CFQ): "Art. 1º – Responsabilidade Técnica no campo da Química envolve o sentido ético-profissional pela qualidade dos produtos fabricados ou serviços prestados, de conformidade com normas estabelecidas. § 1º – Químico-Responsável ou Responsável Técnico é o profissional da Química registrado em CRQ [Conselho Regional de Química], que exerce direção técnica, chefia ou supervisão de laboratório de controle de qualidade e/ou controle de processos, de setores de indústria, da fabricação de produtos e/ou serviços químicos, e bem assim de produtos industriais obtidos por meio de reações químicas dirigidas (controladas) e operações unitárias de indústria química" (CFQ, 1992).

remediação ambiental devem ser ativados a fim de estabelecer um adequado manejo de resíduos sem que haja impactos ambientais.

A PNRS institui a responsabilidade compartilhada das empresas que produzem resíduos em toda a cadeia produtiva. Portanto, inclui desde o setor primário da economia até o setor terciário, numa ampla abrangência da sociedade no compromisso com cuidados com o ambiente na geração de resíduos sólidos. Nesse sentido, a PNRS envolve fabricantes, comerciantes, consumidores em ações como a logística reversa.

Além disso, a citada política atua com o objetivo de contribuir para eliminar os lixões, estabelecendo planejamentos em escalas nacional, estadual, regional e local nos âmbitos público e privado, uma vez que demanda planos de gerenciamento de resíduos sólidos. A Figura 1.9 apresenta os pilares da PNRS:

Figura 1.9 – Pilares da PNRS

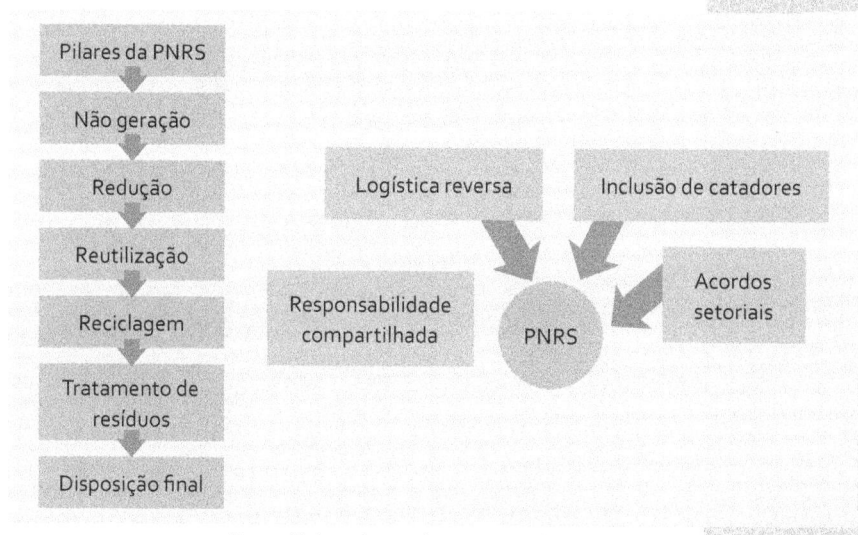

Pilares da PNRS
- Não geração
- Redução
- Reutilização
- Reciclagem
- Tratamento de resíduos
- Disposição final

- Logística reversa
- Inclusão de catadores
- Responsabilidade compartilhada
- Acordos setoriais

PNRS

Fonte: Elaborado com base em Brasil, 2010b; 2011a.

No contexto da gestão ambiental, a logística reversa refere-se ao ciclo de vida de um produto, partindo da extração dos recursos naturais, do manejo da matéria-prima, da produção, da distribuição, do consumo e do retorno à natureza. Assim, a logística reversa implica o controle do caminho contrário para monitoramento do descarte de um produto no final do seu ciclo de produção-consumo (Leite, 2005).

> Entendemos a logística reversa como a área da logística empresarial que planeja, opera e controla o fluxo e as informações logísticas correspondentes, do retorno dos bens de pós-venda e de pós-consumo ao ciclo de negócios ou ao ciclo produtivo, por meio dos canais de distribuições reversos, agregando-lhes valor de diversas naturezas: econômico, ecológico, legal, logístico, de imagem corporativa, entre outros. (Leite, 2005, p. 16)

De acordo com o art. 3º da Lei n. 12.305/2010, a logística reversa é:

> Art. 3º [...]
> XII – logística reversa: instrumento de desenvolvimento econômico e social caracterizado por um conjunto de ações, procedimentos e meios destinados a viabilizar a coleta e a restituição dos resíduos sólidos ao setor empresarial, para reaproveitamento, em seu ciclo ou em outros ciclos produtivos, ou outra destinação final ambientalmente adequada;
> [...] (Brasil, 2010b)

A Figura 1.10, a seguir, ilustra um exemplo de logística reversa.

Figura 1.10 – Logística reversa

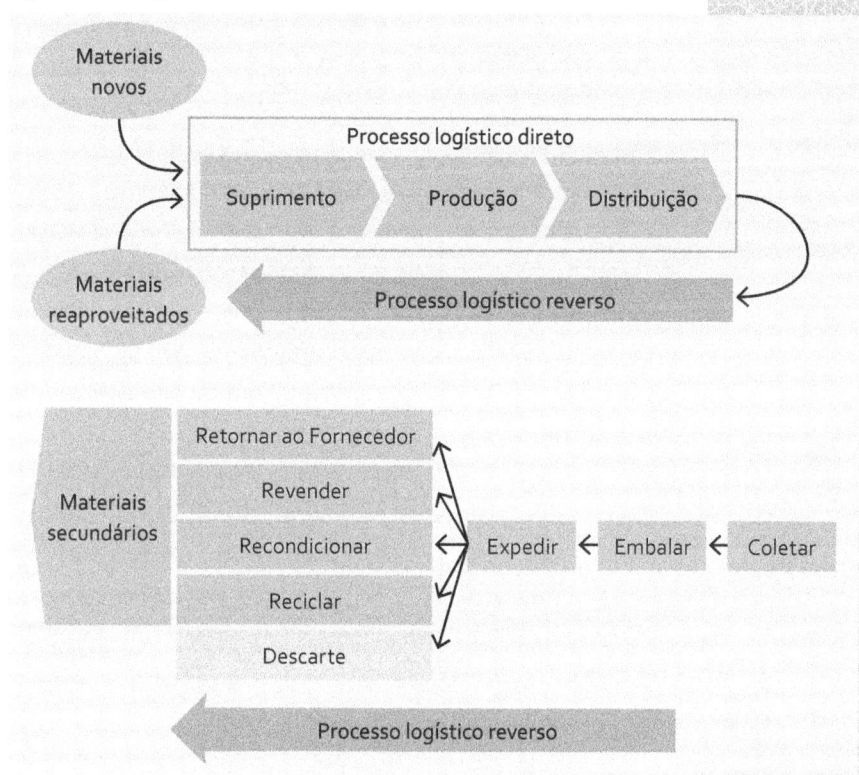

```
Materiais
novos
           ┌─────────────────────────────────────────┐
           │      Processo logístico direto          │
           │  Suprimento → Produção → Distribuição   │
           └─────────────────────────────────────────┘
Materiais  ←──────  Processo logístico reverso  ←──────
reaproveitados
```

```
              Retornar ao Fornecedor
              Revender
Materiais     Recondicionar   ← Expedir ← Embalar ← Coletar
secundários   Reciclar
              Descarte

              ← Processo logístico reverso
```

Fonte: Adaptado de Gonçalves; Marins, 2006, p. 401.

Esses instrumentos legais servem para uma adequada e responsável gestão ambiental. No segmento da indústria química, o cumprimento dessa regulamentação está em constante aprimoramento e visa:

- gerenciar o descarte dos resíduos sólidos;
- avaliar os aspectos e os impactos ambientais (referentes aos resíduos sólios);

- compartilhar responsabilidades pelo ciclo de vida dos produtos;
- melhorar continuamente a gestão dos resíduos;
- pesquisar e inovar tecnologias sustentáveis para produtos;
- promover a segurança do produto ou resíduo.

O apoio do Ministério da Ciência, Tecnologia e Inovação possibilitou agregar publicações e integrar profissionais dedicados aos estudos que combinam a química aos conceitos ambientais com o intuito de preservá-los. Nesse sentido, destacamos as investigações interdisciplinares que favorecem o entendimento de maneira sistêmica dos processos produtivos e dos impactos ambientais, considerando tanto a dimensão biofísica quanto aspectos socioeconômicos.

> A Associação Brasileira da Indústria Química (Abiquim) pretende, por meio do Pacto Nacional da Indústria Química, elevar a posição do setor industrial brasileiro no ranking mundial (5º no mundo), por meio de uma ação estratégica de tornar o País líder em Química Verde. Para isso, a indústria química deve, dentre outras medidas, investir maciçamente em inovação (previsão de US$ 167 bilhões até 2020), o que significa um grande potencial para o estabelecimento de parcerias. Como se depreende, os programas para a inserção da Química Verde no contexto brasileiro têm enfatizado a crescente necessidade da integração dos variados setores – indústria, academia e instituições governamentais – para se potencializar a geração de conhecimentos de forma científica, técnica, ética e socialmente comprometida. (Correa; Zuin, 2017)

Outra ferramenta que auxilia a gestão ambiental é a remediação ambiental, que consiste em procedimentos técnicos e em uma variedade de manejos com base em conhecimentos específicos aplicados sobretudo à descontaminação de solos e de águas subterrâneas. O objetivo dos projetos de remediação ambiental é eliminar elementos tóxicos em uma área delimitada por meio de técnicas e de tecnologias que podem ser agrupadas em três categorias na busca pelo controle e pela restauração do solo ou da água: biológicas, físico-químicas e térmicas.

A opção de tratamento biológico faz uso de plantas ou bactérias (ou ambas). A remediação por processos físico-químicos realiza em um primeiro momento uma limpeza mecânica do ambiente, empregando produtos químicos específicos a cada tipo de contaminante identificado. Por fim, a aplicação de processos térmicos é feita quando o agente da remediação é a própria variação da temperatura.

Atualmente, os projetos de remediação denominados *in situ* estão entre os mais aplicados, uma vez que procuram isolar a área de contaminação e resolver o problema no próprio local, evitando o transporte ou o espraiamento de resíduos para outras áreas. Porém, dependendo do volume de solo e da área contaminada, é necessário o transporte do material, que consiste numa etapa importante que exige segurança para evitar contaminação para o local de transferência. Há muitas empresas especializadas em projetos de remediação ambiental com a aplicação de diversas técnicas e tecnologias que atuam em operações seguras para garantir a qualidade do serviço prestado, assim como a segurança dos profissionais que trabalham em projetos desenvolvidos de acordo com as etapas básicas descritas no diagrama da Figura 1.11, a seguir.

Figura I.11 – Etapas da definição de um projeto de remediação ambiental

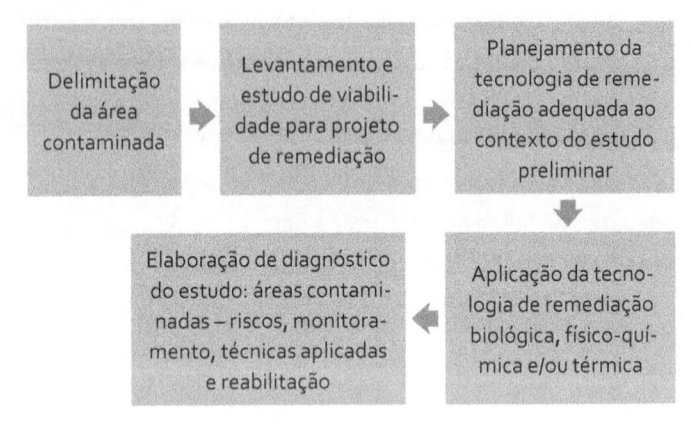

```
┌─────────────┐   ┌─────────────────┐   ┌──────────────────┐
│ Delimitação │   │ Levantamento e  │   │ Planejamento da  │
│   da área   │ ▶ │ estudo de viabi-│ ▶ │ tecnologia de re-│
│ contaminada │   │ lidade para pro-│   │ mediação adequada│
│             │   │ jeto de remedia-│   │ ao contexto do   │
│             │   │ ção             │   │ estudo preliminar│
└─────────────┘   └─────────────────┘   └──────────────────┘
                                                 │
                                                 ▼
┌──────────────────────┐              ┌──────────────────────┐
│ Elaboração de diag-  │              │ Aplicação da tecno-  │
│ nóstico do estudo:   │              │ logia de remediação  │
│ áreas contaminadas – │ ◀            │ biológica, físico-   │
│ riscos, monitoramen- │              │ química e/ou térmica │
│ to, técnicas aplica- │              │                      │
│ das e reabilitação   │              │                      │
└──────────────────────┘              └──────────────────────┘
```

O processo de remediação é relevante principalmente em casos de contaminação do solo, especialmente em razão da imprudência no manejo da área ou do desconhecimento no tratamento do solo e na gestão de substâncias nocivas expostas a vazamentos ou à contaminação por exposição no ambiente. Nesses casos, o estudo de remediação revela-se uma ferramenta essencial na precaução de situações semelhantes a essas. A ausência de estudos de remediação acarreta possível agravamento de problemas de contaminação, de poluição e de impactos ambientais de difícil reversão, que podem persistir por longos períodos – em escalas de décadas e até mesmo de séculos – atingindo lençóis freáticos e águas subterrâneas, aumentando, assim, o risco de danos à saúde da população e à fauna e à flora locais em escalas espaciais variadas.

Síntese

Neste capítulo, demonstramos a importância de aplicar a química ambiental por meio de uma gestão ambiental adequada, em especial na indústria química, reconhecendo que esta deve atuar de maneira compartilhada e responsável com a sociedade em suas práticas produtivas, visando ao bem do meio ambiente. Percebemos que há um conjunto de fatores que encaminham as empresas a uma visão otimista sobre a legislação ambiental e a uma iniciativa de alcançarem o almejado desenvolvimento sustentável. Há, na relação entre a sociedade e as empresas, um interesse comum e recíproco na preservação e na conservação dos recursos naturais, que envolve princípios éticos e morais e a coerência de pensamento diante das fragilidades dos ecossistemas afetados pelas atividades antrópicas.

Por isso, discutimos sobre a necessidade de as empresas adotarem um SAG de acordo com as normas vigentes, pois a gestão ambiental vinculada aos princípios do desenvolvimento sustentável e respeitando o cumprimento das leis ambientais consiste em responsabilidades que são benéficas para natureza e para sociedade. Além disso, essa prática traz vantagens econômicas para as empresas, sobretudo quando há o reconhecimento de que é necessário adotar novos modelos de negócio, assim como investir em ciência e em tecnologia, para produzir sem danificar a natureza.

Questões para revisão

1. Porque é importante adotarmos uma abordagem interdisciplinar ao tratarmos de temas relacionados à química ambiental?

2. Quais são os objetivos da logística reversa aplicada à indústria química?

3. Analise as sentenças a seguir e assinale V para as verdadeiras e F para as falsas:
    - ( ) Há muitos séculos, os alquimistas iniciaram os primeiros experimentos químicos para aliviar as dores das pessoas e curar os enfermos de sua época.
    - ( ) Antoine-Laurent de Lavoisier (1743-1794) é considerado o pai da química moderna e consagrou-se, sobretudo, em virtude de suas investigações sobre a lei da conservação das massas.
    - ( ) As descobertas científicas envolvendo elementos e processos químicos vêm transformando o modo de vida da sociedade.
    - ( ) A química apresenta contribuições em diferentes áreas, como a da produção de alimentos e de medicamentos farmacológicos, assim como em conquistas tecnológicas, a exemplo da exploração espacial, das tecnologias digitais e das nanotecnologias.
    - ( ) As pesquisas no campo da química ambiental são capazes de eliminar e de resolver todos os danos socioambientais, impedindo que haja degradação e destruição dos recursos naturais.

Agora, indique a alternativa que apresenta a sequência correta:
a) V – F – V – F – F.
b) V – F – V – F – V.
c) F – V – F – F – V.
d) F – V – V – V – F.
e) V – V – V – V – F.

4. A química começou a ganhar consistência teórico-metodológica com a descoberta de substâncias que foram sendo catalogadas, investigadas e manipuladas em laboratório. Dessa maneira, é incorreto afirmar que:
   a) Os produtos químicos sintéticos representam hoje uma porção significativa no consumo diário da população mundial e também uma fonte de impactos ambientais.
   b) A exploração dos recursos naturais e a manipulação de produtos químicos não causam impactos ou desequilíbrios ecológicos, uma vez que a ciência é capaz de manipular e de gerenciar de maneira adequada a extração e o retorno desses recursos e produtos ao ambiente.
   c) A manipulação humana dos elementos, dos compostos e dos processos químicos pode definir uma nova era geológica marcada pela atuação significativa do homem no ambiente.
   d) As transformações do planeta em razão da ação antrópica são tão intensas que parte da comunidade científica admite que vivenciamos a era geológica denominada *Antropoceno*.
   e) O aprimoramento das técnicas e das ciências resulta em transformações dos recursos naturais em um vasto repertório a serviço da população, como a produção de energia,

de alimentos, de medicamentos e de bens de consumo duráveis e não duráveis, compondo uma economia formada por uma complexa cadeia de setores interligados.

5. Neste capítulo, conhecemos um pouco das ideias de dois grandes cientistas, o físico Paulo Artaxo e o químico Paul Josef Crutzen, vencedor do Prêmio Nobel de Química. Ambos entendem que a ação antrópica é tão intensa no planeta nos últimos 200 anos que pode ser comparada às atividades astrofísicas e geofísicas, o que explicaria mudanças ambientais globais. Entre seus argumentos, podemos destacar:

I. O efeito estufa é um fenômeno natural essencial para a vida. Sem ele, a temperatura média do planeta seria 33 °C menor do que a atual. Em equilíbrio dinâmico, os gases do efeito estufa (GEE) garantem a composição necessária à vida, mas, em excesso ou escassez, podem acarretar graves desequilíbrios ecológicos.

II. O balanço da radiação solar é incapaz de influenciar as propriedades e o desenvolvimento das nuvens, portanto, esse fator não é considerado importante na regulação do clima global.

III. O uso dos combustíveis fósseis como principal matriz energética mundial e o incremento de emissão de gás carbônico (CO_2) na atmosfera passou de 278 a 390 ppm*, em 2011, mas esse dado é irrelevante para o agravamento do efeito estufa.

IV. O Antropoceno caracteriza um período da história geológica da Terra marcado pela intensidade e pela velocidade das intervenções antrópicas que afetam o equilíbrio ambiental. Por exemplo: o aumento da demanda dos recursos naturais, a mudança no padrão do solo e algumas alterações biofísicas nos ecossistemas.

*Partes por milhão, ou ppm, é uma medida utilizada para determinar a concentração de substâncias diluídas em algum meio.

Agora, analise as alternativas a seguir:

a) Estão corretas apenas as sentenças I e IV.
b) Estão corretas apenas as sentenças II e III.
c) Estão corretas apenas as sentenças I e III.
d) Estão corretas apenas as sentenças I, II e III.
e) Todas as sentenças estão corretas.

Questões para reflexão

1. Que tal elaborar um glossário de química a fim de fixar melhor alguns dos conceitos que trabalhamos até agora? Os grandes cientistas sempre mantêm consigo cadernos de anotação como uma prática de sistematização de seus pensamentos e de registros do conhecimento desenvolvido por eles. Por exemplo: recentemente, foi digitalizado um acervo dos manuscritos de Charles Darwin indicando a importância de seus registros para posterior sistematização e aferição dos resultados de seus estudos.

   Esse material está disponível para consulta no seguinte endereço: <http://darwin-online.org.uk/>.

   Outro exemplo que podemos mencionar é o de Isaac Newton, cujos manuscritos sobre suas experiências em busca de desenvolver a pedra filosofal – substância que transformaria metais menos nobres em ouro – foram recentemente adquiridos pela American Chemical Heritage Foundation, dos Estados Unidos, depois de passar anos em poder de um colecionador particular. A fundação vai disponibilizar os manuscritos na internet para estudo (Moreira, 2016). As anotações de Newton são importantes pois se referem a pesquisas e a experiências que ocorreram na transição da alquimia para a química moderna.

O reconhecimento da importância de se registrar pensamentos e conhecimentos nos faz sugerir a realização dessa atividade ao longo da leitura deste livro como forma de facilitar a assimilação dos conteúdos por nós discutidos. Muito embora a química faça parte da vida cotidiana, alguns de seus conceitos e nomenclaturas apresentam um caráter peculiar em sua linguagem, sendo importante estar familiarizado com eles. Para tanto, recomendamos que você desenvolva um glossário pessoal. Registre todos os termos que desconheça ou sobre os quais tenha dúvidas sobre o seu significado. Estabeleça uma ordem alfabética e mantenha o seu glossário sempre à mão, para consultá-lo quando preciso. Essa prática será de grande valia e contribuirá de maneira significativa para a sua compreensão dos conceitos associados à química ambiental.

2. Agora, desafiamos você a pesquisar fotos e cartazes de eventos ambientais que aconteceram nos últimos anos ao redor do mundo. Organize sua pesquisa de modo que você possa desenhar uma linha histórica envolvendo esses eventos, com o objetivo de desenvolver uma perspectiva panorâmica sobre os principais eventos e marcos históricos envolvendo as temáticas ambientais. Essa pesquisa o ajudará a entender o cenário mundial relacionado ao tema e como a preocupação com as questões ambientais progrediu ao longo do tempo; além disso, vai capacitá-lo para discutir e investigar os assuntos com base em suas próprias referências.

Para saber mais

A DESCOBERTA dos elementos. Química: uma história volátil. Episódio 1. BBC, [s.d.]. Documentário. Disponível em: <http://www.dailymotion.com/video/x2e4n65_quimica-uma-historia-volatil-ep-1-a-descoberta-dos-elementos_school>. Acesso em: 20 set. 2017.

O documentário conta a história da formação do mundo considerando quatro elementos fundamentais: terra, ar, fogo e água. Essa visão começa a ser questionada com os experimentos dos alquimistas, que causaram uma revolução na ciência ao iniciar os processos de transformação dos elementos químicos. Apresenta também informações sobre os avanços nas pesquisas atuais.

MISTURAR. Lendas da Ciência. Episódio 9. Documentarios Ciencia, 7 set. 2013. Documentário. Disponível em: <https://www.youtube.com/watch?v=B6gbQ_1NeRI>. Acesso em: 20 set. 2017.

Nesse documentário, é apresentada a história da química e os seus princípios e fundamentações, desde a alquimia, passando por Newton e Lavoisier, até alcançar a química moderna.

O ÁTOMO. Choque de titãs. Episódio 1. BBC, [s.d.]. Disponível em: <http://www.dailymotion.com/video/x2ducy4_o-atomo-ep-1-choque-de-titas_school>. Acesso em: 20 set. 2017.

Esse documentário da British Broadcasting Corporation (BBC) está organizado em três partes e trata de uma das descobertas científicas mais incríveis da ciência, a de que o mundo material é composto de minúsculas partículas denominadas *átomos*.

Para entender melhor a PNRS, sugerimos a leitura integral dos seguintes documentos:

BRASIL. Lei n. 12.305, de 2 de agosto de 2010. Diário Oficial da União, Poder Executivo, Brasília, DF, 3 ago. 2010. Disponível em: <http://www.planalto.gov.br/ccivil_03/_ato2007-2010/2010/lei/l12305.htm>. Acesso em: 20 set. 2017.

BRASIL. Ministério do Meio Ambiente. Plano Nacional de Resíduos Sólidos. Brasília: Ministério do Meio Ambiente, 2011. Disponível em: <http://www.mma.gov.br/estruturas/253/_publicacao/253_publicacao02022012041757.pdf>. Acesso em: 20 set. 2017.

2

Sistemas terrestres

Conteúdos do capítulo:

- Biosfera e ecossistemas.
- Atmosfera: condições naturais e interferência antrópica.
- Litosfera: aspectos sobre potencialidades e fragilidades do solo.
- Hidrosfera: início da vida e importância para a manutenção do equilíbrio ambiental.

Após o estudo deste capítulo, você será capaz de:

1. compreender que o planeta é um sistema dinâmico, instável e interdependente;
2. estabelecer relações entre distintas escalas geológicas e históricas que atuam na composição físico-química da atmosfera;
3. identificar fatores que influenciam ou determinam vulnerabilidades e potencialidades da litosfera, especialmente aqueles relacionados ao solo e às suas peculiaridades, nos diferentes contextos geográficos;
4. dimensionar a relevância da hidrosfera na manutenção da vida, entendendo questões emergenciais sobre a escassez de água e os impactos ambientais que atingem os recursos hídricos.

Neste capítulo, apresentaremos alguns conceitos das geociências que são estudados ao longo do processo de formação acadêmica, vistos na educação básica e que avançam até o ensino superior com maior ou menor intensidade, dependendo da área de estudo. Trata-se de conceitos fundamentais que nos permitem entender a explicação da ciência sobre a regência astrofísica, geofísica e bioquímica e que, portanto, contribuem para a compreensão sistêmica da relação entre a sociedade e a natureza.

De acordo com David Drew (1983), a Terra pode ser considerada um enorme sistema dividido em diversos subsistemas. Entre eles, destacamos os macrossistemas, tais como a atmosfera, camada de gases que envolve o planeta; a litosfera, superfície terrestre composta de rochas e solos; a hidrosfera, camada líquida de água formada por oceanos, geleiras, mares, rios, lagos, águas subterrâneas e vapor de água; e a biosfera, que corresponde à zona de interação entre esses sistemas, oferecendo os elementos necessários à existência e à manutenção da vida. Na Figura 2.1, a seguir, vemos um esquema que indica a interação entre esses sistemas.

Os estudos ambientais demandam entendimento sobre distintas dimensões e escalas. É importante, por isso, que haja especialistas em assuntos muito específicos, e também uma visão holística sobre o todo sem reduzi-lo à soma das suas partes. Para tanto, o estudo dos ciclos biogeoquímicos é uma das estratégias capazes de conduzir o conhecimento de maneira a evitar a excessiva fragmentação em especializações de pesquisas científicas. "Um ciclo biogeoquímico pode ser entendido como

Figura 2.1 – Interação entre os sistemas terrestres

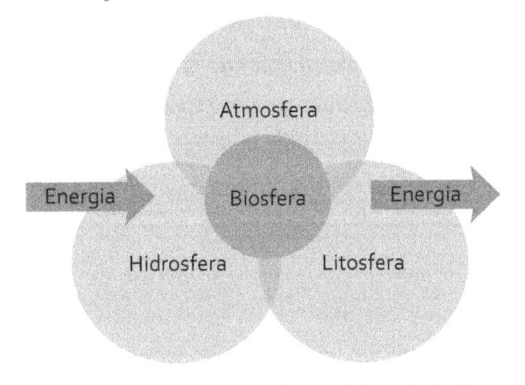

[Diagrama: Atmosfera, Biosfera, Hidrosfera, Litosfera com setas de Energia entrando e saindo]

Fonte: Adaptado de Drew, 1983, p. 6.

sendo o movimento ou um ciclo de um determinado elemento ou elementos químicos através da atmosfera, hidrosfera, litosfera e biosfera da Terra" (Rosa; Messias; Ambrozini, 2003, p. 9). Tais elementos são essenciais à vida e são incorporados aos organismos na forma de compostos orgânicos ou por meio de diversas reações químicas. Na Figura 2.2, podemos visualizar um esquema que representa um ciclo biogeoquímico.

Figura 2.2 – Ciclos biogeoquímicos

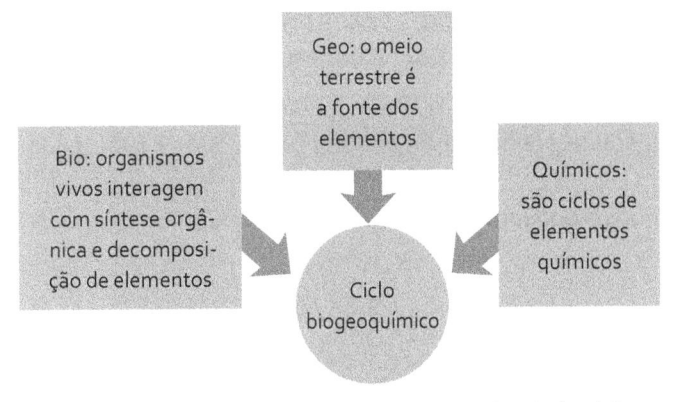

[Diagrama: Bio: organismos vivos interagem com síntese orgânica e decomposição de elementos; Geo: o meio terrestre é a fonte dos elementos; Químicos: são ciclos de elementos químicos → Ciclo biogeoquímico]

Fonte: Elaborado com base em Rosa; Messias; Ambrozini, 2003.

As alterações nos ciclos biogeoquímicos provocados pela relação entre a sociedade e a natureza configuram novos arranjos ambientais, nos quais o desequilíbrio ambiental apresenta uma condição de riscos e de vulnerabilidades à vida e aos ecossistemas. Assim, a água, o carbono e o nitrogênio, entre outros elementos, correspondem a unidades analíticas de interesse para as abordagens que consideram o planeta como um ser vivo repleto de conexões dinâmicas.

De acordo com James Lovelock (1991), que sugeriu a hipótese de Gaia, microrganismos, plantas e animais respondem às condições dos ecossistemas de maneira alinhada aos estados de equilíbrio dinâmico para a manutenção da vida. Nesses sistemas, a atmosfera corresponde a "um sistema aberto, afastado do equilíbrio e caracterizado por um fluxo de energia e de matéria [...] uma mistura extraordinária de gases, que mesmo assim consegue manter uma composição constante ao longo de períodos de tempos muito longo" (Lovelock, 1991, p. 26).

Historicamente, ao longo de aproximadamente 4,5 bilhões de anos, o planeta está em constante e intensa transformação. Nesse processo, o Sol é a principal fonte de energia, que abastece e regula o balanço de radiação na Terra. De acordo com Marcos José de Oliveira (2010), os fundamentos naturais iniciam-se pelo entendimento do balanço de energia entre o Sol e a Terra sob regência da lei da termodinâmica, que explica como essa troca de calor e de energia regula a temperatura do planeta que, num amplo espectro, varia de –60 °C a 40 °C.

> A atmosfera e sua gênese é uma razão forte para que a vida se tenha organizado neste planeta e não em outro. Vida e clima estão intimamente relacionados. [...]. A biosfera pode ser vista como a área da crosta terrestre na qual as radiações cósmicas são

---

A hipótese de Gaia refere-se aos ciclos geoquímicos e foi elaborada nos anos de 1960 pelo britânico James Lovelock. Segundo essa teoria, a Terra funciona como um organismo vivo e, portanto, apresenta seus sistemas interligados em equilíbrio dinâmico.

"O sol, cuja temperatura é de 6000K (cerca de 5700°C), emite entre 0,2 e 10 micrômetros [de fluxo de energia], enquanto que a Terra (288K, 15°C), entre 4 e 50 micrômetros. Ademais, sendo a quantidade de radiação proporcional à 4ª potência da temperatura absoluta do corpo radiante, o sol emite muito mais do que a Terra. Estima-se que a quantidade de energia emitida pelo sol que é interceptada pelo planeta corresponda a menos de 1 sobre 2 bilionésimos do total. Embora ínfima em relação ao total emitido pelo sol (56 · 10¹¹ cal/min), essa energia é o que permite a manutenção do nosso planeta" (McKnight, 1996, citado por Nunes, 2003, p. 102).

transformadas em energia elétrica, química, mecânica, térmica etc., todas elas consideradas eficazes para a vida. (Conti; Furlan, 2005, p. 71-72)

A biosfera está continuamente em transformação, numa composição diversificada, conforme atestam os registros fossilíferos desde o surgimento da vida, há cerca de 3 bilhões de anos. A atmosfera primitiva era escassa de oxigênio e abrigava a vida nas profundidades dos oceanos, protegendo-a da ação nociva da radiação ultravioleta do Sol. As primeiras bactérias sobreviviam com baixa quantidade de oxigênio numa atmosfera muito diferente da atual, com altos índices de concentração de gases como ácido sulfúrico e dióxido de carbono (Conti; Furlan, 2005).

A transformação de uma atmosfera sem oxigênio para uma com oxigênio foi gradual e realizada com a ajuda de organismos fototrópicos, que reagem a estímulos luminosos, expostos à fonte de energia solar, ancestrais das plantas verdes que existem hoje. De acordo com José Bueno Conti e Sueli Angelo Furlan (2005, p. 75-76):

> Com a explosão populacional das cianobactérias, facilitada pelas altas concentrações de CO_2, a atmosfera tornou-se oxigenada, houve mudança na temperatura com provável resfriamento [...]. Os primeiros organismos multicelulares parecem ter surgido quando o oxigênio atingiu 8% na atmosfera, há aproximadamente 700 milhões de anos, na era geológica Pré-Cambriano.

A Figura 2.3 ilustra o processo da evolução da vida no planeta e as eras geológicas.

Figura 2.3 – Eras geológicas e evolução da vida no planeta

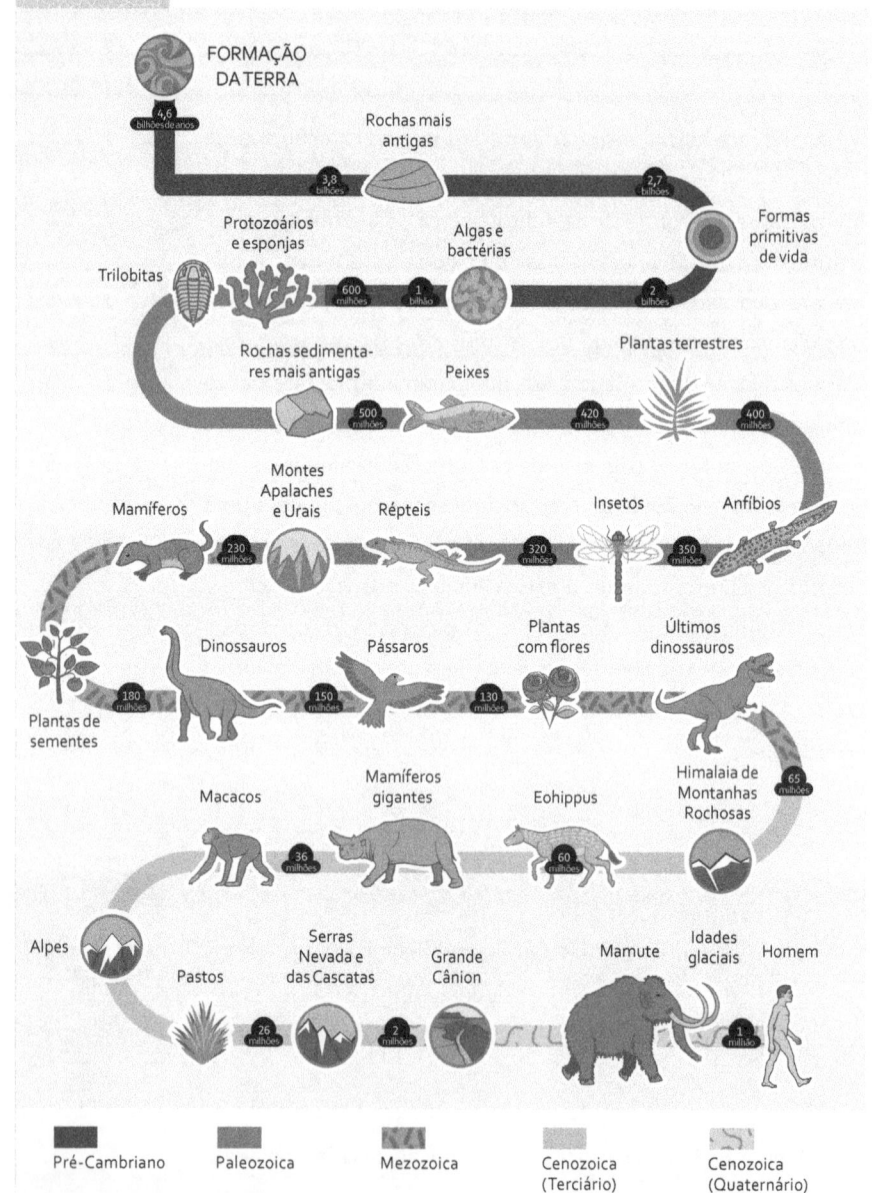

Daniel Klein

FORMAÇÃO DA TERRA
4,6 bilhões de anos

3,8 bilhões — Rochas mais antigas

2,7 bilhões — Formas primitivas de vida

Protozoários e esponjas — 600 milhões

Algas e bactérias — 1 bilhão

2 bilhões

Trilobitas

Rochas sedimentares mais antigas — 500 milhões

Peixes — 420 milhões

Plantas terrestres — 400 milhões

Mamíferos — 230 milhões

Montes Apalaches e Urais

Répteis — 320 milhões

Insetos — 350 milhões

Anfíbios

Plantas de sementes

Dinossauros — 180 milhões

Pássaros — 150 milhões

Plantas com flores — 130 milhões

Últimos dinossauros

Macacos — 36 milhões

Mamíferos gigantes

Eohippus — 60 milhões

Himalaia de Montanhas Rochosas — 65 milhões

Alpes

Pastos — 26 milhões

Serras Nevada e das Cascatas — 2 milhões

Grande Cânion

Mamute

Idades glaciais

Homem — 1 milhão

- Pré-Cambriano
- Paleozoica
- Mezozoica
- Cenozoica (Terciário)
- Cenozoica (Quaternário)

O entendimento da química ambiental sob a perspectiva da relação entre a sociedade e a natureza nos leva a abordagens sistêmicas e complexas, e essa não é uma escolha elementar. Os desafios no campo ambiental demandam que sujeitos, pesquisadores e profissionais entendam não somente o todo, mas também o particular, o específico e o geral, o macro e o micro, sem, com isso, perder o fio condutor que liga todos esses sistemas e processos num planeta vivo, interconectado e interdependente.

> O reconhecimento da simbiose como uma força evolutiva importante tem profundas implicações filosóficas. Todos os organismos maiores, inclusive nós mesmos, são testemunhas vivas do fato de que práticas destrutivas não funcionam a longo prazo. No fim, os agressores sempre destroem a si mesmos, abrindo caminho para outros que sabem como cooperar e como progredir. A vida é muito menos uma luta competitiva pela sobrevivência do que um triunfo da cooperação e da criatividade. Na verdade, desde a criação das primeiras células nucleadas, a evolução procedeu por meio de arranjos de cooperação e de coevolução cada vez mais intrincados. (Capra, 1997, p. 193)

A compreensão da dinâmica natural do planeta consiste em considerar que as mudanças pelas quais ele passa são parte inerente da manutenção das condições adequadas à existência da vida, assim como dos processos de extinção e de surgimento de novas espécies, que compõem a rica diversidade da fauna e da flora terrestre.

2.1 Atmosfera: condições naturais e interferência antrópica

Você já parou para pensar sobre o clima do planeta? Será que o clima está relacionado somente ao estudo da atmosfera? As variações e as mudanças climáticas são causadas por fatores naturais, por fatores antrópicos ou por ambos?

A ciência, hoje, apresenta sofisticadas soluções tecnológicas para responder a essas questões. Porém, as respostas ainda se encontram numa dimensão incerta, mas que não exime nem diminui a responsabilidade dos homens pelos impactos ambientais, sobretudo diante da poluição atmosférica.

A atmosfera é a camada gasosa que envolve a Terra com uma mistura de gases que denominamos, de maneira geral, *ar*. Os principais gases da atmosfera são: nitrogênio (N_2), oxigênio (O_2), gás carbônico (CO_2), gases nobres (hélio – He, neônio – Ne, argônio – Ar) e vapor de água.

Gráfico 2.1 - Composição do ar

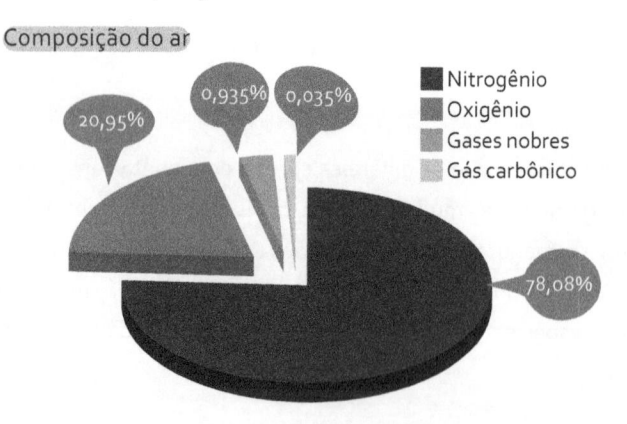

Composição do ar

- Nitrogênio: 78,08%
- Oxigênio: 20,95%
- Gases nobres: 0,935%
- Gás carbônico: 0,035%

Fonte: Elaborado com base em Decicino, 2007.

O nitrogênio (N_2) é o gás encontrado em maior quantidade no ar (78%). A maioria dos seres vivos, inclusive o ser humano, absorve o nitrogênio via alimentação ao consumir proteína, presente em carnes, ovos e laticínios. O oxigênio (O_2) é o segundo gás mais abundante na atmosfera (21%) e indispensável à existência e à sobrevivência dos seres vivos no processo de respiração.

A Tabela 2.1, a seguir, demonstra com maior detalhamento os gases da atmosfera.

Tabela 2.1 – Constituintes gasosos da atmosfera

Constituinte	Composição (%, v/v)	Constituinte	Composição (ppb, v/v)	Constituinte	Composição (ppb, v/v)
N_2	78,1	Kr	1000	NH_3	6
O_2	20,9	H_2	500	SO_2	2
Ar	0,934	N_2O	300	CH_3Cl	0,5
CO_2	0,033	CO	100	C_2H_2	0,2
Ne	0,002	Xe	90	CCl_4	0,1
He	0,0005	O_3	40	CCl_3F	0,1
CH_4	0,0002	NO_2 + NO	10 – 0,001		

Fonte: Adaptado de Cónsul et al., 2004, p. 433.

A poluição atmosférica é um dos principais problemas ambientais da atualidade e está diretamente associada ao modelo de produção relacionado ao modo de vida urbano. Os processos de industrialização e de urbanização intensificam o lançamento de gases poluentes na atmosfera, sobretudo de CO_2, com a emissão de fuligem das indústrias de segmentos diversos, com a combustão resultante do uso da frota de veículos automotores e com a circulação de poluentes derivados da geração de energia e do consumo doméstico. A poluição atmosférica é agravada pela ausência da vegetação, que atua na filtragem natural nos poluentes, e os prejuízos e os danos ambientais tornam-se sistêmicos, inserindo-se nos ciclos geoquímicos não apenas do carbono mas

A camada de ozônio (ozonosfera) refere-se a uma camada gasosa difusa e não linear presente na atmosfera terrestre, de comportamento sazonal (depende da estação do ano) e cuja composição original pode ser constatada pelos dados da Administração Oceânica e Atmosférica Nacional (National Oceanic and Atmospheric Administration – Noaa), instituição dedicada a estudos entre a atmosfera e os oceanos, que inclui, entre suas atividades, a medição da depleção da camada de ozônio. Por se tratar de um gás muito reativo e que depende da sua localização na atmosfera, o ozônio pode assumir distintas funções. Quando há concentração excessiva do ozônio na troposfera próxima à superfície terrestre, esse gás torna-se nocivo à saúde humana como um poluente tóxico. Mas, na estratosfera, forma uma camada que absorve os raios ultravioleta emitidos pelo Sol e, nesse caso, sua função é benéfica, uma vez que protege a vida na Terra desses raios nocivos. Dados atuais demonstram que não há alterações anormais na composição da ozonosfera ou, ainda, se houve, ela já está restabelecida (Conti; Furlan, 2005).

também de todo o sistema terrestre. Além do CO_2, muitos gases se tornam poluentes, desde que concentrados em grande quantidade ou dependendo da localização deles na atmosfera, como é o caso do ozônio (O_3), gás muito reativo e que apresenta distintas funções. Os principais efeitos da poluição atmosférica são o efeito estufa, a chuva ácida, a inversão térmica, a depleção da camada de ozônio, o aquecimento global e as mudanças climáticas (Brasseur; Orlando; Tyndall, 1999; Buckeridge, 2008; Confalonieri, 2003; Maruyama, 2009; Ruddimann, 2008; Seinfeld; Pandis, 1999).

A climatologia estuda os fenômenos que acontecem na troposfera e a sua interação com a biosfera, local em que se concentram os gases fundamentais para a existência de vida no planeta. A Figura 2.4, a seguir, ilustra todas as camadas da atmosfera e indica que a troposfera, partindo da superfície terrestre, abrange a camada mais baixa, que vai da superfície da Terra até aproximadamente 15 km de altura.

Figura 2.4 – Camadas da atmosfera terrestre

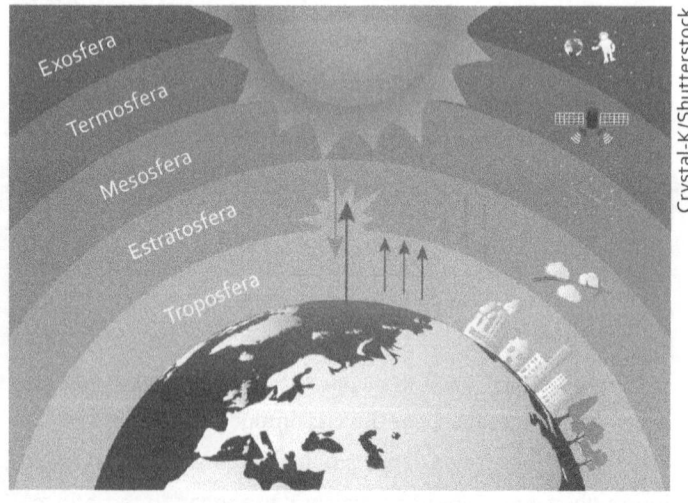

Entre as mudanças ambientais globais, as alterações no clima correspondem a um dos temas de maior evidência e destaque no cenário internacional, em virtude de sua natureza fluida e dinâmica, que interfere em todos os sistemas naturais e sociais. Para Kirstin Dow e Thomas Downing (2007), as evidências comprovam que a atividade humana contribui para o aquecimento global. A mudança da composição química da atmosfera é o principal indicador científico da ruptura do ciclo natural que equilibra o fluxo energético do planeta e, consequentemente, resulta no aumento da temperatura global. Esse impacto é uma resposta do modelo de produção com base no consumo dos combustíveis fósseis, na intensa alteração no uso do solo e nos desmatamentos.

O ciclo do carbono é essencial para a vida, mas a mudança no uso do solo liberou de maneira desequilibrada o estoque de carbono armazenado nas florestas e nas áreas de vegetação nativa. Além disso, outros poluentes industriais intensificaram a quantidade do ozônio troposférico, tornando-o um incremento para o excesso de retenção de calor na Terra. Nesse cenário, com o aumento da temperatura global, os oceanos tendem a liberar carbono mais do que absorvê-lo, elevando a acidez da água e a consequente corrosão do carbonato de cálcio das conchas e dos exoesqueletos marinhos. De acordo com Dow e Downing (2007, p. 48), "as projeções mais modestas das emissões de CO_2 já indicam que os corais podem se tornar mais raros nas áreas tropicais e subtropicais em 2050". O monitoramento desse conjunto de dados indica que:

> Os níveis atuais de gás carbônico são superiores a qualquer outro período nos últimos 650 mil anos. O derretimento das camadas de gelo polar, o degelo do *permafrost* (solo enriquecido e congelado do

> norte) e o recuo das geleiras comprovam expectativas de grande impacto nas regiões polares. A ocorrência de secas e desastres ambientais provocados por ondas de calor corrobora as previsões de alterações na variabilidade média. Em todo o Planeta, pássaros, borboletas e outras espécies trocam de hábitat reagindo aos sinais do clima.
> (Dow; Downing, 2007, p. 9)

Dessa maneira, o crescimento econômico com base na indústria movida pelo petróleo e pelo carvão e impulsionada pela depredatória utilização dos recursos naturais e o aumento do fluxo do transporte e da circulação de pessoas e de mercadorias em escala global causam o aumento dos gases do efeito estufa (GEE). A agricultura e a pecuária também contribuem para o aquecimento global e correspondem às atividades responsáveis por um terço das emissões globais de dióxido de carbono, metano e óxido nitroso (Dow; Downing, 2007).

Nesse sentido, as mudanças climáticas têm repercussão e geram discussões em nível mundial, a exemplo da Primeira Conferência Mundial do Clima, em 1979, e, posteriormente, em 1988, com a criação do Painel Intergovernamental sobre Mudanças Climáticas (Intergovernmental Panel of Climate Change – IPCC) estabelecido pelo Programa das Nações Unidas para o Meio Ambiente (Pnuma) e a Organização Meteorológica Mundial (OMM).

Desde então, o tema é um dos mais discutidos em todo o planeta e levou as nações e as organizações internacionais a instituir sistemas normativos com vistas a estabelecer um modelo de governança ambiental. A Organização das Nações Unidas (ONU) organizou a Convenção-Quadro das Nações Unidas sobre as Mudanças do Clima (CQNUMC) – em inglês United Nations Framework Convention on Climate Change (UNFCCC) –, cuja negociação foi concluída em Nova York em 1992 e anunciada oficialmente na Conferência das Nações Unidas sobre o Meio Ambiente e o Desenvolvimento (Rio 92), realizada no Rio de Janeiro, em 1992, quando então recebeu a adesão do Brasil (Veiga, 2008; 2013).

Os países-membros da CQNUMC passaram a realizar anualmente, a partir de 1995, a Conferência das Partes (COP), cuja primeira edição aconteceu em Berlim, na Alemanha. No encontro de 1997, realizada no Japão, foi declarado o Protocolo de Kyoto, primeira iniciativa global documentada com metas quantitativas de redução das emissões ou de captura dos GEE. Desde então, a COP trata do tema das mudanças climáticas e propõe limites e metas de emissão de GEE e sugere mecanismos de mitigação e de adaptação dos seus efeitos, como políticas de créditos e de redução na emissão de carbono e a renovação de tratados internacionais. A 21ª COP reuniu 195 países em Paris, na França, em dezembro de 2015, com o objetivo de alcançar um acordo global sobre o clima limitando o aquecimento do planeta a 2 °C até 2100. O Brasil se comprometeu com a redução de GEE e destacou o princípio das responsabilidades comuns, porém diferenciadas para países desenvolvidos e para países em desenvolvimento. O discurso do Brasil na 21ª COP apresentou metas para descarbonizar a economia do país até o final do século XXI e para diminuir o desmatamento.

Segundo Anthony Giddens (2010), historicamente, os países industrializados que dependem de combustíveis fósseis são responsáveis pela maior concentração de gás carbônico e ainda hoje são seus maiores emissores. Partindo da consideração de que alguns GEE têm longa permanência na atmosfera, há considerações que devem ser acatadas pelos países a fim de praticarem ações que possam amenizar os impactos ambientais causados pelas emissões de GEE ao longo da história. As ações de adaptação e de mitigação dos efeitos dessas substâncias referem-se a um importante eixo dos estudos sobre as mudanças climáticas contemporâneas (MCC) e, em termos de precaução, justificam-se como medidas preventivas na relação entre a sociedade e a natureza.

Os acordos internacionais tornam-se relevantes ao envolverem a população mundial em prol de um objetivo comum. Contudo, é importante frisarmos que as nações que apresentam grande potencial econômico-industrial e são responsáveis por avanços científicos e tecnológicos precisam assumir responsabilidades proporcionais a sua atuação. "A grande maioria das emissões de gases-estufa é produzida apenas por um pequeno número de países; no que concerne à mitigação, o que é feito pela maioria dos Estados perde importância ao ser comparado com as atividades dos grandes poluidores" (Giddens, 2010, p. 268).

A variabilidade climática está associada à dinâmica natural do planeta e pode ser "entendida como uma propriedade intrínseca do sistema climático terrestre, responsável por oscilações naturais nos padrões climáticos, observados em nível local, regional e global" (Confalonieri, 2003, p. 194). Assim, é necessário considerar múltiplas variáveis de gêneses e causas operando em distintas escalas espaciais e temporais. A Terra não apresenta uma superfície uniforme, e cada lugar recebe incidência solar diferenciada, o que resulta nas zonas térmicas globais.

> O processo básico de interação são inúmeras reações químicas, das quais se destaca a fotossíntese, a porta de entrada para acumulação da energia. A radiação solar responsável por esse processo,

não se distribui igualmente na superfície terrestre, e portanto a fotossíntese também não é um fenômeno homogêneo, nem a energia nem a biomassa, que é a sua forma potencial acumulada nos seres vivos. (Conti; Furlan, 2005, p. 77)

De acordo com Artaxo (2014a) e Trenberth (2015), parte da radiação solar (cerca de 30%) é refletida de volta para o espaço pelas nuvens e pelos aerossóis e moléculas presentes na atmosfera e não atinge a superfície terrestre. Na atmosfera, a radiação eletromagnética é absorvida principalmente pelos seguintes componentes: vapor de água, gotas de água, dióxido de carbono, oxigênio, ozônio e fuligem e poeira. A proporção entre a radiação refletida e a absorvida é variável em função do albedo da superfície atingida.

O termo *mudanças climáticas* refere-se à variação do clima em escala global ao longo do tempo e implica a significativa alteração de temperatura, precipitação e padrão de circulação dos ventos em escalas variadas que podem ser investigadas em distintos períodos geológicos. De acordo com Maruyama (2009), para analisarmos as mudanças climáticas, devemos considerar as interações físicas entre o Sol, a Terra e o Universo e os princípios da energia que os envolvem. A variabilidade natural do clima é cíclica e pode ser investigada considerando as eras glaciais e interglaciais. A história geológica da Terra, nos estudos de Reed Wicander e James S. Monroe (2009), e conforme apresentado pelo Painel Brasileiro de Mudanças Climáticas (PMBC, 2014), indicam alternâncias de períodos quentes e frios em macroescalas que surgem e desaparecem com as mudanças climáticas e levam a transformações extremas das paisagens terrestres, em distintas composições, assim como da fauna e da flora, causando processos de extinção e de adaptação das espécies.

> *Albedo* é a medida quantitativa de radiação solar refletida por um objeto ou uma superfície. Para obter o índice de albedo, consideramos a quantidade de radiação recebida e a dividimos pela quantidade de radiação refletida. Essa relação refere-se a um dos aspectos considerados no estudo da dinâmica e do equilíbrio climático que podem ser avaliados em escala local, regional e global.

Além disso, a constante transformação do planeta demarca grandes períodos glaciais e interglaciais que podem estar associados às variações da órbita da Terra e aos processos que definem a quantidade e a distribuição da radiação solar que a atingem, alterando o padrão climático global. De acordo com o PMBC (2014), os três fenômenos naturais fundamentais para entendermos o clima da Terra são:

1. Mudança na atividade solar – Altera a radiação recebida pelo planeta e gera aumento ou diminuição de temperatura.
2. Mudança na órbita da Terra – Interfere no fluxo e na distribuição de energia solar que chega ao planeta. Trata-se de alterações cíclicas denominadas *ciclos de Milankovitch*.
3. Movimentação das placas tectônicas – Afeta o modelo estrutural da litosfera. É marcada pelos deslocamentos e soerguimentos das placas da crosta terrestre.

Figura 2.5 – Forçantes climáticas naturais

Forçantes climáticas naturais	Componentes do sistema climático	Variações no clima
Mudanças na órbita da Terra	Atmosfera Vegetação Superfície terrestre Oceano Gelo	Mudanças na atmosfera
Mudanças na radiação solar		Mudanças na vegetação
Mudanças nas placas tectônicas		Mudanças na superfície terrestre
		Mudanças nos oceanos
		Mudanças no gelo

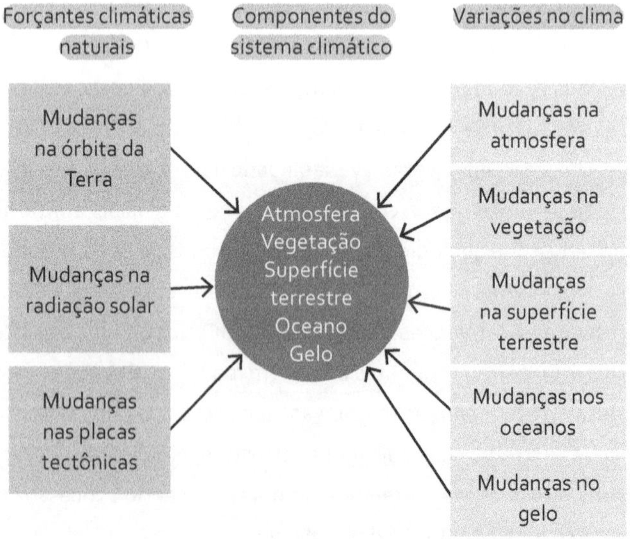

Fonte: Adaptado de Garcia et al., 2015, p. 24.

Além do Sol, os oceanos desempenham uma função determinante na regulação do clima global, pois correspondem ao maior reservatório de água de todo o planeta e referem-se ao componente fundamental do ciclo hidrológico. A água está em constante transição, em processos de curta ou de longa duração, o que torna o seu fluxo contínuo entre os oceanos, o continente e a atmosfera. A circulação das massas de água nas correntes marítimas apresenta as propriedades de manutenção da temperatura global, de transferência de calor para as regiões mais frias e de insurgências que contribuem para que os ecossistemas marinhos desempenhem funções relacionadas à vida na Terra.

> Excetuando-se a Antártida (80 a 90°S) e a faixa 50 a 70°N que possui 64% coberto por terras emersas, todas as demais latitudes do Planeta são predominantemente cobertas pelo mar. Com cerca de três quartos da superfície da Terra coberta por um lençol de água líquida (71~75% valor este, dependente da cobertura de gelo) os oceanos constituem um dos maiores reguladores das condições climáticas em escala planetária [...]. (Felicio, 2009, p. 3)

A relação atmosfera-oceano corresponde a 70% do controle climático do planeta, mas entender o funcionamento global dessa relação é ainda um grande desafio para a ciência. As incertezas sobre suas variáveis e sua dinâmica são muito expressivas. De acordo com Edmo J. D. Campos (2014), o estudo dos oceanos associado ao tema das mudanças climáticas encontra argumentos na circulação das correntes marítimas e a sua relação com a dinâmica atmosférica. A termohalina, por exemplo, é uma corrente marítima que demora até mil anos para completar o seu circuito;

sua função refere-se especialmente à distribuição de calor nas diferentes latitudes do globo, e essa possibilidade está atrelada à diferença de gradiente de densidade e de temperatura da água (Campos, 2014).

Figura 2.6 – Corrente termohalina

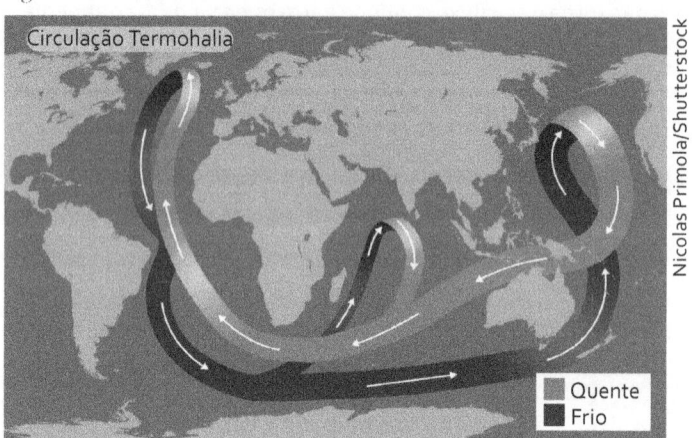

![Circulação Termohalia - Quente / Frio. Nicolas Primola/Shutterstock]

Considerando ainda as forças climáticas naturais, as atividades vulcânicas representam um fator importante na dinâmica do clima. Os vulcões emitem grande quantidade de aerossóis na atmosfera, que são liberados durante as erupções. Trata-se de um material denominado *piroclástico*, composto de gases e de rochas em alta temperatura, que espalha nuvens de fuligem provenientes de processos vulcânicos as quais tendem a esfriar a troposfera e gerar alterações no clima, uma vez que bloqueiam a passagem da radiação solar na troposfera. Esse processo varia de acordo com a localização (latitude) e com a circulação atmosférica atuante na região (Buckeridge, 2008).

Na atmosfera, em equilíbrio dinâmico, os GEE são necessários à vida, mas, em excesso ou escassez, podem acarretar graves desequilíbrios ecológicos. A repercussão internacional sobre depleção da camada de ozônio data da década de 1970, quando as pesquisas científicas indicaram a destruição da ozonosfera, que tem a função de proteger a Terra da ação dos raios ultravioleta. O monitoramento demonstrou a existência de um "buraco" devido à presença excessiva de clorofluorcarboneto (CFC) na estratosfera. As questões sobre a dinâmica do ozônio culminaram em 1987, com a criação do Painel Internacional da Tendência do Ozônio (International Ozone Trends Panel – IOTP) cujo objetivo era o de pesquisar a ação dos CFCs. Para proteger a camada de ozônio, em 1988, foi assinado o tratado internacional conhecido como Protocolo de Montreal (Conti; Furlan, 2005).

As pesquisas sobre o efeito estufa estão sendo aprimoradas atualmente na busca pela compreensão do comportamento dos GEE em razão da sua difícil precisão e da falta de condições para mensurar seus efeitos. O estudo inicial da relação entre os GEE, especialmente o gás carbônico, e o aumento da temperatura da Terra é atribuído ao matemático e físico francês Jean-Baptiste Joseph Fourier (1768-1830). Ele foi o primeiro a descrever quais fatores determinam a temperatura média global da Terra da atmosfera à superfície e como calcular o seu valor. Fourier concluiu que a superfície da Terra emite radiação infravermelha cujo fluxo total de energia deve igualar o fluxo de energia da radiação solar absorvida pela Terra. Porém, ao obter, em seus cálculos de balanço radiativo, uma temperatura da atmosfera muito inferior à da fusão da água, admitiu a existência na atmosfera de um mecanismo de aumento de temperatura semelhante ao observado numa estufa (Santos, 2007).

Os estudos de Fourier incentivaram as pesquisas do físico britânico John Tyndall (1820-1893), que consolidou a teoria do efeito estufa em 1859, evidenciando que alguns gases permitiam que a radiação solar penetrasse na atmosfera e depois conseguiam barrar a passagem do calor emitido pela superfície terrestre para

> Apesar do frequente uso do termo *buraco* (depleção), há um estreitamento da camada de ozônio na região da Antártida, onde ela já é mais fina, sobretudo no mês de setembro, durante o inverno polar, quando há diminuição de insolação. Nesse contexto, os gases ficam estáveis e menos reagentes; por isso, na primavera, os institutos de pesquisa concentram as suas medições de ozônio quando o Sol retorna com intensidade e os raios ultravioleta ativam as moléculas de CFC que iniciam a captura de ozônio.

o espaço. Seus estudos indicaram que o efeito estufa demonstra a existência de um processo de radiação solar de ondas longas e curtas em função do albedo. Consta também de seus resultados que os GEE, como o gás carbônico e o metano, regulam a temperatura do planeta.

Desde então, diversas pesquisas buscam determinar a temperatura do planeta e a participação dos GEE em sua definição. De acordo com Marcos José de Oliveira e Francisco Arthur da Silva Vecchia (2009), o químico sueco Svante August Arrhenius (1859-1927) quantificou experimentalmente, em 1896, os impactos do dióxido de carbono no efeito estufa terrestre, sugerindo que variações na concentração desse gás exerceram grande influência nas mudanças do clima no passado e afirmando a possibilidade de o aquecimento global estar sendo potencializado pela ação humana. Nessa trajetória, o cientista inglês Guy Stewart Callendar (1897-1964) ratificou que o efeito estufa está sendo alterado pelo aumento de gás carbônico proveniente da queima de combustíveis fósseis, ocasionando alterações do clima e aumento da temperatura média global (Santos, 2007).

Os avanços das pesquisas sobre os efeitos da absorção da radiação solar por substâncias presentes na atmosfera ganharam destaque com os estudos publicados em 1957 pelos oceanógrafos americanos Roger Revelle (1909-1991) e Hans Suess (1909-1993), em seu artigo *Troca de dióxido de carbono entre a atmosfera e o oceano, e a questão do aumento de CO_2 atmosférico em décadas passadas*. O resultado da pesquisa evidencia e explica o comportamento em larga escala do gás carbônico na relação entre a atmosfera e o oceano. O fato de os oceanos absorverem o gás carbônico atmosférico já era conhecido, mas Revelle e Suess revelaram que essa absorção acontece em um ritmo muito menor do que a ciência pressupunha, contrariando a expectativa dos pesquisadores que acreditavam que os oceanos poderiam absorver rapidamente o gás carbônico excedente da atividade antrópica. Esse estudo ficou conhecido como Efeito Revelle, que explica a dificuldade ou mesmo o impedimento da difusão de moléculas de gás carbônico atmosférico na camada superficial dos oceanos. A conclusão de Revelle e Suess é que os oceanos não absorvem imediatamente o excesso de gás carbônico antropogênico, e sim gradativamente, potencializando o efeito estufa e a elevação da temperatura média da superfície do planeta (Nobre; Reid; Veiga, 2012).

Segundo Artaxo (2014a), a ação antrópica sobre o planeta é tão intensa nos últimos 200 anos que pode ser comparada às atividades geofísicas. A concentração de partículas de aerossóis na atmosfera altera o balanço da radiação, bem como sua influência nas propriedades e no desenvolvimento das nuvens. A demarcação temporal incide sobre o uso dos combustíveis fósseis, incorporado de maneira intensa à matriz energética mundial, o que causou o incremento de gás carbônico na atmosfera, que passou de 280 ppm na era pré-industrial para uma concentração média de 399 ppm em 2015 (Artaxo, 2014b). De acordo com medições atualizadas da National Oceanic & Atmospheric Administration (Noaa) (Dlugokencky; Tans, 2017), órgão do governo norte-americano que controla os níveis de poluição da atmosfera e dos mares, essa concentração já atingiu a marca de 406 ppm, conforme mostra o Gráfico 2.2. Esse fato restringiu a discussão das mudanças climáticas basicamente à emissão de GEE, principalmente o gás carbônico (CO_2).

> A questão da absorção de gás carbônico pelos oceanos é estudada em duas partes: a difusão do gás nas águas superficiais (processo mais rápido em dias ou em meses) e nas águas mais profundas (nas quais o processo é lento e ocorre em anos ou em séculos). A intensidade do Efeito Revelle varia com as circunstâncias: quando seu valor for alto, a dificuldade de absorção será maior; quando for baixo, a dificuldade será menor.

Gráfico 2.2 – Concentração atual de gás carbônico na atmosfera

Recente média mensal global de CO_2
— Valores médios mensais
— Valores médios ajustados devido à variação sazonal

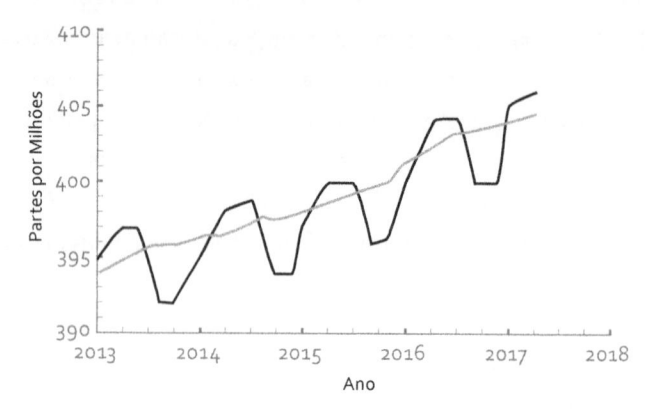

Fonte: Adaptado de Dlugokencky; Tans, 2017.

Como vimos anteriormente, a Convenção-Quadro das Nações Unidas sobre as Mudanças do Clima (CQNUMC) é o instrumento internacional marco das políticas e das negociações sobre mudança do clima. Assinada na Rio 92 e implementada em 1994, a UNFCCC estabelece objetivos e princípios comuns aos 195 países signatários sobre os compromissos internacionais na área de mudança do clima. A CQNUMC também estabelece a Conferência das Partes (COP) que acontece anualmente desde 1995, com a meta de estabilizar as concentrações de GEE na atmosfera a um nível que impeça danos no sistema climático. O objetivo mundial declarado na COP 21 propõe a redução do gás carbônico ou pelo menos o limite de 350 ppm para evitar impactos ambientais como o derretimento das camadas de gelo polares e o avanço dos mares em áreas costeiras. Entretanto, há também incertezas sobre a proporção da gênese do aumento de gás carbônico na atmosfera, visto que alguns pesquisadores argumentam 97% do aumento de gás carbônico na atmosfera é atribuído a causas naturais, como os vulcanismos, e que o aquecimento causado apenas pelas emissões de GEE antrópicas é apenas de 3%.

2.2 Litosfera: potencialidades e fragilidades do solo

Discutiremos agora os processos envolvendo a dinâmica da litosfera, sobretudo a crosta terrestre, considerando as potencialidades e as fragilidades no uso e no manejo do solo associado ao de rochas, minerais e do relevo em geral, sempre levando em conta as condições climáticas e hídricas nos variados contextos geográficos. Essa abordagem ratifica nossa intenção de aproximar a química ambiental do estudo da relação entre a sociedade e a natureza para a devida avaliação e gestão sustentável dos recursos naturais diante das necessidades socioeconômicas.

Além de ter funções biofísica e biológica, o solo é um dos componentes essenciais para a manutenção da vida e a organização das sociedades. O Neolítico representa na história da humanidade o período em que se deram a criação das técnicas de agricultura e a produção de cerâmicas ela modelagem do barro. Desde então, o solo, assim como outros elementos da natureza, passou a ser manipulado e explorado para a manutenção, a evolução e a transformação do modo de viver do homem. As pesquisas históricas e antropológicas demonstram o quanto as terras férteis definiram a distribuição geográfica da população no mundo. O vale do rio Nilo é um dos exemplos mais conhecidos de uma civilização se ergueu diante da riqueza do solo para o plantio (Leroi-Gourhan et al., 1981).

Hoje, os vales férteis são insuficientes para a produção mundial de alimentos, pois as áreas agrícolas do planeta precisam produzir o suficiente para alimentar mais 7 bilhões de pessoas. No entanto, milhares de pessoas no mundo sofrem de fome devido à desigualdade econômica e à injustiça social, o que faz com que a produção mundial de alimentos atinja somente a população mais economicamente privilegiada. Se, de fato, todas as pessoas consumissem de forma igualitária, a produção de alimentos deveria ser maior do que a atual, o que pressupõe a criação de novas técnicas para potencializar a capacidade produtiva dos solos. Portanto, no que diz respeito ao problema da alimentação e, consequentemente, da fome mundial, há três eixos de investigação: técnico, econômico e político. Nos estudos ambientais, é oportuno lembrar que esses eixos são indissociáveis e, por isso, devem ser tratados de forma conjunta no contexto atual.

A litosfera é dividida em três camadas: superfície ou crosta terrestre, manto e núcleo. A crosta terrestre, por sua vez, divide-se em outras duas camadas: superior (sial), composta de rochas sedimentares, granitos e minerais; e inferior (sima), predominantemente composta por basalto. A modelagem e os processos físico-químicos na litosfera são realizados por agentes endógenos e exógenos que esculpem continuamente os relevos continental e oceânico, resultando nas diversas paisagens do Planeta (Wicander; Monroe, 2009).

Figura 2.7 – Composição da litosfera

Crosta terrestre
Manto
Núcleo

Webspark/Shutterstock

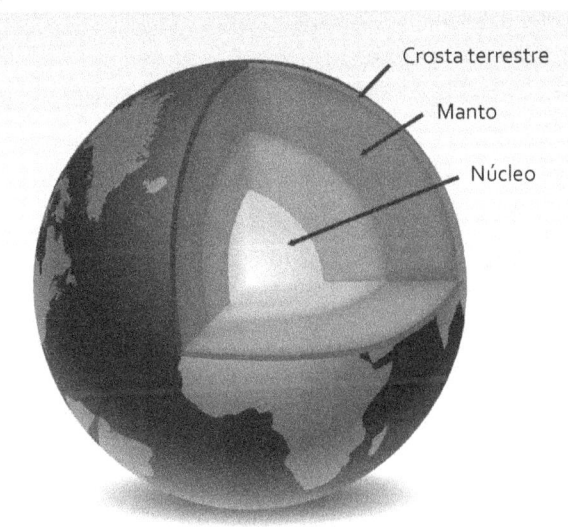

    A crosta terrestre é formada por placas tectônicas que deslizam sobre o magma e geram movimentos responsáveis pela formação dos continentes e das cordilheiras, entre outras formas geomorfológicas.

    Os estudos de Wicander e Monroe (2009) expõem a teoria tectônica de placas desenvolvida pelo geofísico Alfred Wegener (1880-1930), a qual explica que os continentes estavam unidos em um único bloco (Pangeia), há cerca de 250 milhões de anos, e se afastaram lentamente, em placas gigantescas. Esse movimento é constante e gera a circulação do ar e das águas no planeta, além de ser o responsável pela formação dos continentes atuais. "Os continentes derivam, colidem e se separam, cordilheiras são soerguidas e desgastadas pela erosão, vulcões entram em erupção, terremotos sacodem a Terra, espécies extinguem[-se] e outros surgem no seu lugar, geleiras se expandem e se retraem, o clima muda e o nível dos mares varia" (Eerola, 2003, p. 3).

A dinâmica da litosfera expõe as rochas a constantes transformações. Essas rochas podem distinguir-se em três grandes grupos: rochas magmáticas ou ígneas, que provêm da consolidação do magma; rochas sedimentares, formadas pela decomposição; e rochas metamórficas, que podem ser tanto sedimentárias quanto magmáticas (Leinz; Amaral,1982).

Figura 2.8 – Tipos de rocha

Ígneas (magmáticas)

www.sandatlas.org/Shutterstock

Sedimentares

Leene/Shutterstock

Metamórficas

Nikitin Victor/Shutterstock

O produto da decomposição das rochas é o solo da camada superficial da litosfera, o qual é um dos principais suportes naturais para a vida. A espessura, a composição e a propriedade do solo variam de um local para outro, e a sua definição está relacionada às características geofísicas das paisagens.

O geógrafo russo Vasily Dokuchaev (1846-1903) é considerado o fundador da pedologia, um ramo científico que trata do estudo dos solos. Dokuchaev constatou que os solos eram constituídos por uma sucessão de camadas verticais e horizontais resultantes da ação de variados fatores e definida como *perfil do solo*. No geral, o solo é formado por rochas desagregadas e misturadas com matéria orgânica em decomposição, contendo ar, água e organismos vivos, numa proporção genérica de 45% de elementos minerais, 25% de ar, 25% de água e 5% de matéria orgânica. A essa composição, chamamos horizonte A. O perfil do solo indicado na Figura 2.9, a seguir, mostra também os horizontes B (zona de acumulação) e C (decomposição da rocha-mãe), ilustrando a transição da rocha-mãe e até o solo da superfície, isto é, a estrutura geológica do solo.

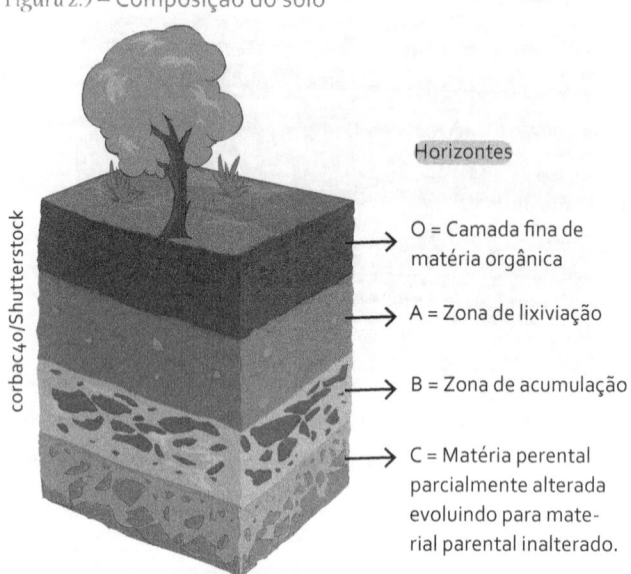

Figura 2.9 – Composição do solo

Horizontes

O = Camada fina de matéria orgânica

A = Zona de lixiviação

B = Zona de acumulação

C = Matéria perental parcialmente alterada evoluindo para material parental inalterado.

corbac40/Shutterstock

Fonte: Adaptado de Wicander; Monroe, 2009, p. 134.

Nesse sentido, a rocha-mãe e a ação do intemperismo – "conjunto de processos mecânicos, químicos e biológicos que ocasionam a desintegração e a decomposição das rochas" (Houaiss; Villar, 2009) – determinam os diversos tipos de solo que existem no planeta. De acordo com Jurandyr Luciano Sanches Ross (2003), os tipos de solo mais comuns são:

a) Argiloso – Apresenta baixa porosidade e dificulta a circulação de água e de ar.
b) Humífero – É poroso e tem alta capacidade de aeração e de retenção de água. Quando há decomposição de microrganismos, produz sais minerais necessários às plantas.
c) Arenoso – Contém baixa quantidade de nutrientes, é poroso e permeável.

d) **Calcário** – Oferece poucos nutrientes, é rochoso e impróprio para a agricultura.

As características dos tipos de solo indicam, além da fertilidade, textura, permeabilidade e profundidade de seus horizontes, além de diferentes graus de vulnerabilidade diante dos processos erosivos naturais ou antrópicos. Nas situações em que é exposto à erosão, a presença da vegetação nativa contribui para a sua proteção, por isso deve-se priorizar o adequado manejo de suas propriedades físicas (aeração, retenção hídrica, compactação e estrutura), químicas (interação e reação com os nutrientes disponíveis) e biológicas (teor de matéria orgânica, respiração da biomassa e presença de microrganismos). Portanto, é necessária a preservação da vegetação nativa ou o manejo agrícola sustentável para evitar a degradação e a perda da fertilidade do solo, aspectos ressaltados nas publicações da Empresa Brasileira de Pesquisa Agropecuária (Embrapa), instituição voltada para a agropecuária e que estuda e classifica detalhadamente os diversos tipos de solo no Brasil.

Cada tipo de solo apresenta potencialidades e fragilidades, por isso é importante o manejo apropriado para evitar degradação e poluição por contaminantes químicos. A poluição do solo refere-se a alterações, sobretudo antrópicas, que alteram características naturais devido à presença de produtos químicos ou de resíduos que modificam a sua estrutura e a sua composição. O manejo inadequado em atividades agropecuárias e urbano-industriais é responsável por graves problemas de contaminação e degradação dos solos. São exemplos de impactos ambientais dos solos as descargas acidentais ou não de poluentes químicos em processos de despejo de cargas fluidas, de resíduos sólidos e de aterros sanitários sem controle. Os impactos ambientais podem ser locais ou se espraiarem em escalas regionais e globais – uma vez que os sistemas naturais são dinâmicos e estão interligados – gerando danos ecológicos e atingindo a fauna, a flora e a saúde humana.

No passado, os fertilizantes eram obtidos nas próprias unidades rurais que utilizavam resíduos vegetais decompostos e excrementos de animais, como o estrume. A indústria química, porém, desenvolveu potentes fertilizantes sintéticos e defensivos agrícolas (agrotóxicos) a fim de contribuir para o aumento da produtividade agrícola. O uso de fertilizantes químicos, sobretudo os conhecidos como *NPK* – nitrogênio, fósforo e potássio – ajustam o solo para que haja níveis de nutrientes capazes de suportar o crescimento da produtividade agrícola (Caputo, 1988).

Figura 2.10 – Atuação dos nutrientes do solo

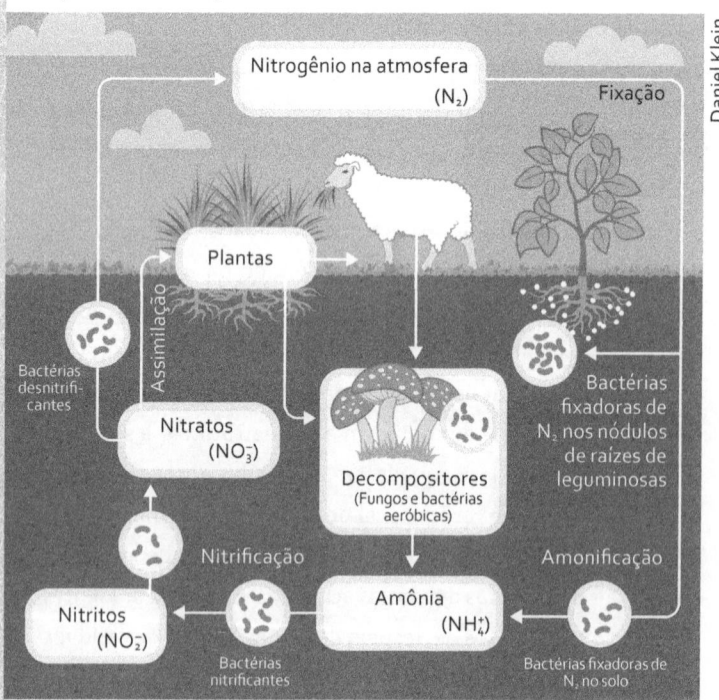

Fonte: Adaptado de Gallo; Basso, 2017.

Há dois grandes grupos de fertilizantes, os orgânicos (naturais) e os inorgânicos (sintéticos). Os inorgânicos são os mais comuns e levam em sua composição nitrogênio, fosfato e potássio e concentram nutrientes que contribuem para a rápida absorção das plantas. Já os orgânicos são feitos de produtos naturais, como húmus, esterco, decomposição vegetal etc. Entre os fertilizantes NPK mais utilizados, o nitrogenado é o maior causador de impacto ambiental. De acordo com a Associação Internacional de Fertilizantes (IFA, 2017), o composto nitrogenado corresponde a 94% do consumo de energia na produção de fertilizantes. A ausência ou a carência de nitrogênio causa atrofia no crescimento das plantas. Entretanto, os fertilizantes nitrogenados desencadeiam uma reação química no solo, que libera GEE e interfere no aquecimento global do planeta (Caputo, 1988; Moreira; Siqueira, 2006).

O uso intensivo e inadequado desses produtos químicos representa um impacto profundo nos ecossistemas e, consequentemente, na saúde. Além disso, a ciência ainda desconhece os efeitos a longo prazo dessas intervenções, assim como da inclusão de sementes e de produtos transgênicos na produção agropecuária. Os fertilizantes inorgânicos, ao atingirem de maneira sistêmica o solo e os recursos hídricos, espalham poluentes persistentes, como dioxinas e metais pesados, que são prejudiciais a animais e plantas. A eutrofização de lagos e rios também pode ser agravada com a proliferação de algas e a diminuição de oxigênio na água. Outro problema associado à contaminação do solo devido a fertilizantes nitrogenados é a acidificação, que destrói a microfauna, gerando diminuição da capacidade fértil natural do solo (Moreira; Siqueira, 2006).

A vantagem do uso de fertilizantes orgânicos está associada primeiramente à não contaminação do solo e à capacidade de aumentar a produtividade agrícola aliada à manutenção da biodiversidade do solo. Entretanto, não é possível isentá-los de danos à natureza, muito embora a emissão de GEE a acidificação do solo causadas por eles sejam menores em comparação às dos fertilizantes inorgânicos. Estudos indicam que os perigos dos fertilizantes orgânicos são causados pelo manuseio incorreto na sua fabricação, fazendo com que eles contenham patogênicos. De qualquer forma, essa não é uma categoria de fertilizantes utilizada em larga escala (Moreira; Siqueira, 2006).

O crescimento exponencial da população mundial e o aumento da necessidade de fertilizantes fomentam pesquisas na busca de soluções para atender à demanda de alimentos no mundo de maneira sustentável. Esse desafio inclui o Brasil e a produção agrícola que trabalha com os mercados nacional e internacional. No Gráfico 2.3, a seguir, podemos ter uma ideia de como o mercado brasileiro cresceu em relação à produção de fertilizantes.

Gráfico 2.3 – Evolução do mercado brasileiro de fertilizantes

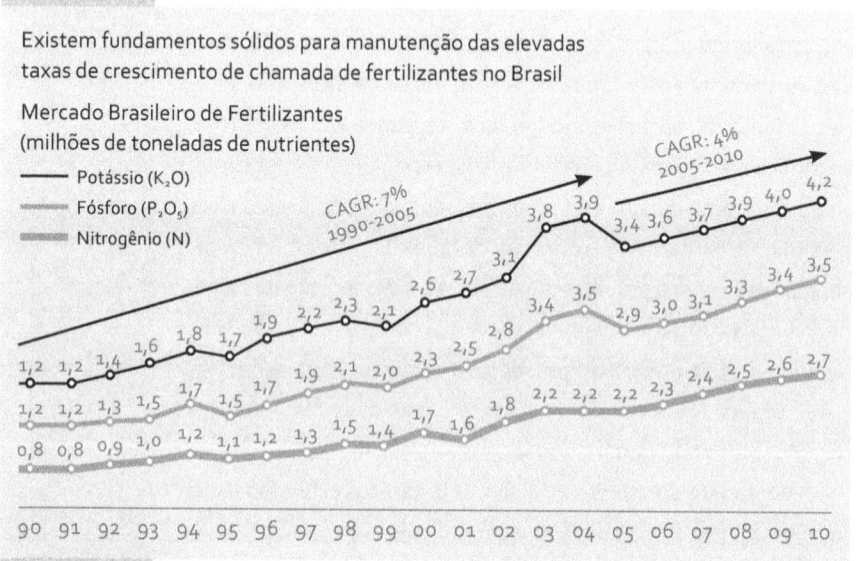

Existem fundamentos sólidos para manutenção das elevadas taxas de crescimento de chamada de fertilizantes no Brasil

Mercado Brasileiro de Fertilizantes
(milhões de toneladas de nutrientes)
— Potássio (K_2O)
— Fósforo (P_2O_5)
— Nitrogênio (N)

CAGR: 7%
1990-2005

CAGR: 4%
2005-2010

Fonte: Adaptado de Vale Fertilizantes, 2010, p. 45.

Além dos fertilizantes e dos agrotóxicos, a agricultura demanda processos de irrigação, técnica usada há muito tempo pela humanidade, com o objetivo de aumentar a produção de alimentos em áreas em que há escassez de água. Atualmente, há aperfeiçoamentos e técnicas avançadas para irrigação, porém essa prática ainda traz impacto ambiental quando não há o devido cuidado com o manejo, ocasionando:

- a. Alagamento nas áreas de cultivo.
- b. Eutrofização, em virtude do acúmulo de fertilizantes nos canais, que aumenta o número de algas que consomem excessivamente o oxigênio da água, impedindo a sobrevivência de outras espécies aquáticas.
- c. Salinização – excedente de sais minerais no solo –, tornando-o contaminado e infértil.
- d. Proliferação de insetos e de fungos prejudiciais às plantações por causa do aumento de umidade no processo de irrigação, que leva ao uso de agrotóxicos.

Entretanto, de acordo com a Agência Nacional de Águas (ANA), o manejo adequado da técnica de irrigação apresenta benefícios, como o aumento da produtividade e a redução de custos. A irrigação também é necessária em decorrência de sazonalidades climáticas e permite a padronização dos cultivos em grande escala, evitando o desperdício de recursos hídricos por meio da gestão sustentável do uso da água para processos agrícolas, conforme descrito nos projetos conhecidos como *pivôs*.

Pivô refere-se a uma técnica muito aplicada em sistemas de irrigação, caracterizada por ser suspensa em uma estrutura localizada no centro da plantação que gira e distribui água em uma área circular. Além da irrigação, o pivô também contribui para otimizar a aplicação de fertilizantes, fungicidas e inseticidas.

Na Figura 2.11, a seguir, vemos uma irrigação com pivô central às margens do Rio Mogi-Guaçu, entre os municípios de Descalvado e Santa Rita do Passa Quatro, no estado de São Paulo.

Figura 2.11 – Projeto de irrigação com pivô central

Pulsar Images/Andre Dib

Conforme observamos, os macrossistemas terrestres apresentam uma profunda conexão entre si. Por isso, procuramos demonstrar os conceitos relacionados à química ambiental de maneira que você possa compreender as relações que sustentam tanto as fragilidades quanto as potencialidades ambientais. No caso da litosfera, ressaltamos o cuidado necessário com o solo em razão da sua alta exposição aos impactos ambientais, seja devido à destruição da vegetação nativa, seja em virtude do manejo agropecuário impróprio, seja em razão do excesso de resíduos poluentes e contaminantes dos processos urbano-industriais. Embora os danos na litosfera apresentem características sistêmicas, o solo, por suas vulnerabilidades naturais e sua exposição à degradação, apresenta alto grau de fragilidade no contexto de destruição da natureza.

2.3 Hidrosfera: início da vida e manutenção do equilíbrio ambiental

Você sabe como a ciência explica a origem da vida em nosso planeta? Já ouviu falar na teoria da sopa primordial? Esse é um nome popular da teoria heterotrófica, que explica como a vida surgiu na água há aproximadamente 3,5 bilhões de anos, quando a crosta terrestre começou a esfriar, dando origem aos oceanos. Da origem à manutenção da vida, a água é um bem natural que precisa ser preservado para garantir a sobrevivência das espécies e o equilíbrio da biodiversidade (Maturana; Varela, 1997; Damineli; Damineli, 2007).

A hidrosfera corresponde ao sistema de águas presentes na superfície e no subsolo do planeta e está distribuída entre oceanos, mares, rios, lagos, nuvens (na forma de vapor), geleiras, aquíferos, lençóis freáticos etc. Toda essa água está em constante movimento, conforme demonstrado no ciclo hidrológico representado na Figura 2.12. Essa circulação, embora contínua, pode apresentar diferentes escalas de mudanças no espaço e no tempo. Isso significa que há processos rápidos e processos longos, os quais podem durar milhões de anos (Wicander; Monroe, 2009).

> A teoria heterotrófica diz respeito à origem da vida no planeta, quando ainda não havia oxigênio e nitrogênio, tampouco a camada de ozônio. Nessas condições, a superfície da Terra era atingida por raios ultravioleta e a temperatura era elevadíssima. As descargas elétricas das tempestades atingiam as moléculas e desencadeavam reações químicas entre elas, fazendo-as evoluir para organismos mais complexos, como aminoácidos, ácidos e nucleotídeos (Damineli; Damineli, 2007).

Figura 2.12 - Distribuição da água na hidrosfera e ciclo hidrológico

Fonte: Adaptado de Ambiente Brasil, 2017.

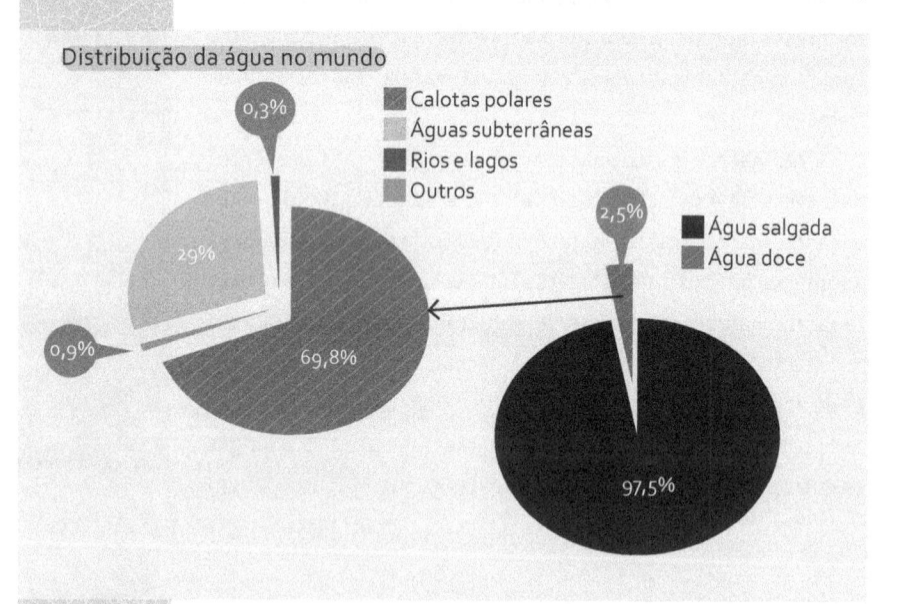

Distribuição da água no mundo

- Calotas polares
- Águas subterrâneas
- Rios e lagos
- Outros

- Água salgada
- Água doce

0,3%
29%
0,9%
69,8%
2,5%
97,5%

Fonte: Adaptado de Pena, 2017b.

O aumento populacional, a exploração e o desperdício de água em escala mundial vêm intensificando a escassez em algumas regiões onde sua distribuição já é naturalmente vulnerável em razão do clima árido ou semiárido. Atualmente, a falta de recursos hídricos atinge milhares de pessoas e representa um dos problemas socioambientais mais graves do século XXI. Estima-se que cerca de 40% da população mundial já sofra com o déficit de água para consumo doméstico. No Brasil, a crise no sistema de abastecimento expõe as megalópoles a programas de racionamento da água, a exemplo do que ocorre na cidade de São Paulo e na sua região metropolitana, atendidas pelos reservatórios do Cantareira e do Alto Tietê (Jacobi, 2009).

O desperdício de água gera impactos ambientais significativos, conforme estudamos no capítulo anterior. A irrigação é um fator de grande consumo de água, que depende de manejos e de técnicas adequadas. Observe, no primeiro infográfico da Figura 2.13, o uso concentrado de água no setor agropecuário do Brasil. No caso do consumo doméstico, o segundo infográfico indica a desigualdade no consumo mundial.

Figura 2.13 - Consumo de água no Brasil e no mundo

Consumo de água no Brasil (2011)

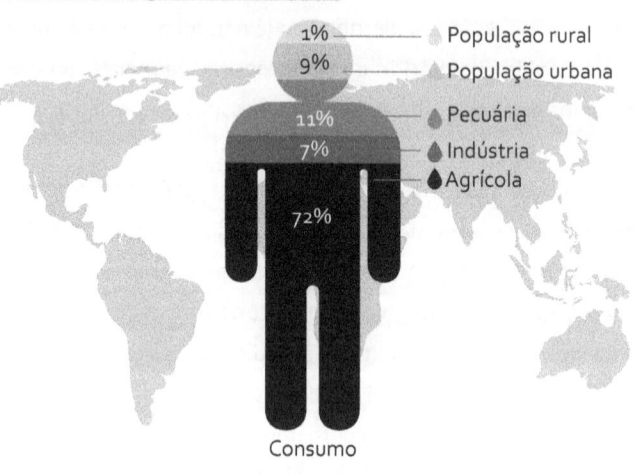

- 1% População rural
- 9% População urbana
- 11% Pecuária
- 7% Indústria
- 72% Agrícola

Consumo

Fonte: Adaptado de Suzin, 2013, p. 89.

Consumo de água no mundo (km³)

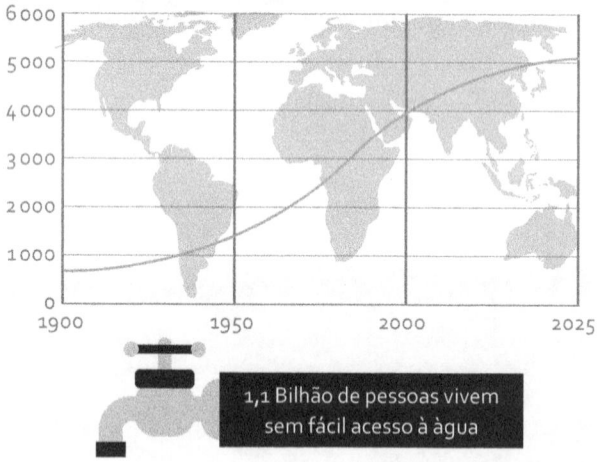

(eixo y: 0, 1000, 2000, 3000, 4000, 5000, 6000; eixo x: 1900, 1950, 2000, 2025)

1,1 Bilhão de pessoas vivem sem fácil acesso à àgua

Fonte: Adaptado de Pena, 2017a.

Além da escassez, a poluição e a contaminação das águas também são aspectos de preocupação no contexto da química ambiental. Trata-se de um recurso natural protegido pela Lei n. 9.433, de 8 de janeiro de 1997 (Brasil, 1997), conhecida como Lei das Águas, que instituiu a Política Nacional de Recursos Hídricos e o Sistema Nacional de Gerenciamento de Recursos Hídricos. O Brasil é rico em tais recursos – dispõe de 12% da reserva de água doce do mundo(Ferreira, 2015) – mas a distribuição é irregular e problemas associados à contaminação e à poluição têm exposto a população, sobretudo nos centros urbanos, a racionamentos e a perigos à saúde.

> O Brasil ainda possui a vantagem de dispor de abundantes recursos hídricos. Porém, possui também a tendência desvantajosa de desperdiçá-los. A grande crise da água, prevista para o ano de 2020, tem preocupado cientistas das diversas áreas no mundo inteiro, e o caminho que poderá conduzir ao caos hídrico já é trilhado, representando, dentre outros, sério problema de saúde pública. (Moraes; Jordão; 2002, p. 371)

Historicamente, a falta de saneamento básico e a poluição descontrolada dos cursos de água foram responsáveis por epidemias e doenças. Na época da Revolução Industrial, houve um aumento do processo de urbanização, e o fato de redes de abastecimento de água e de coleta de esgoto serem muito precárias ou inexistentes causou graves problemas sanitários na Inglaterra, que viu a necessidade de instalar a primeira estação de tratamento de água (ETA), em Londres.

No Brasil, a ANA é o órgão governamental responsável pela implementação e pela gestão compartilhada dos recursos hídricos de maneira a promover seu uso sustentável. Entre as funções da ANA, consta a despoluição dos recursos hídricos causados por agentes considerados de impacto, como:

a) Contaminação por patógenos e metais pesados.
b) Assoreamento pelo acúmulo de substâncias e de resíduos, que reduzem o fluxo da água e a profundidade dos cursos hídricos.
c) Eutrofização pelo crescimento excessivo e descontrolado de plantas aquáticas e algas.
d) Acidificação pelo desequilíbrio do potencial hidrogeniônico (pH) causado pela elevação de substâncias químicas como dióxido de enxofre, óxidos nitrogenados e amônia, que contribuem para a degradação da vida aquática.

Para avaliar a qualidade da água, o governo brasileiro desenvolve um monitoramento do abastecimento da rede pública de água e do tratamento de esgotos domésticos e de resíduos agropecuários e industriais, antes de serem lançados nos cursos de água. De maneira geral, esses resíduos contêm substâncias tóxicas, como metais pesados, pesticidas e protozoários patogênicos, e comprometem a pureza e a qualidade da água. De acordo com Fátima Maria de Souza Moreira e José Oswaldo Siqueira (2006), os poluentes mais comuns das águas são:

- fertilizantes agrícolas;
- esgotos doméstico e industrial;
- compostos orgânicos sintéticos;
- plásticos;
- petróleo;
- metais pesados.

Para que a população tenha acesso à água potável – levando-se em conta a relação crítica de oferta e demanda –, a química ajuda a desenvolver meios de aumentar o abastecimento. O tratamento químico pode transformar a água poluída ou contaminada em água limpa e adequada para diferentes utilizações na agricultura e na indústria e para o uso doméstico.

Observe, na Figura 2.14, as etapas e os processos químicos que são realizados nas ETAs.

Figura 2.14 – Sistema de tratamento de água

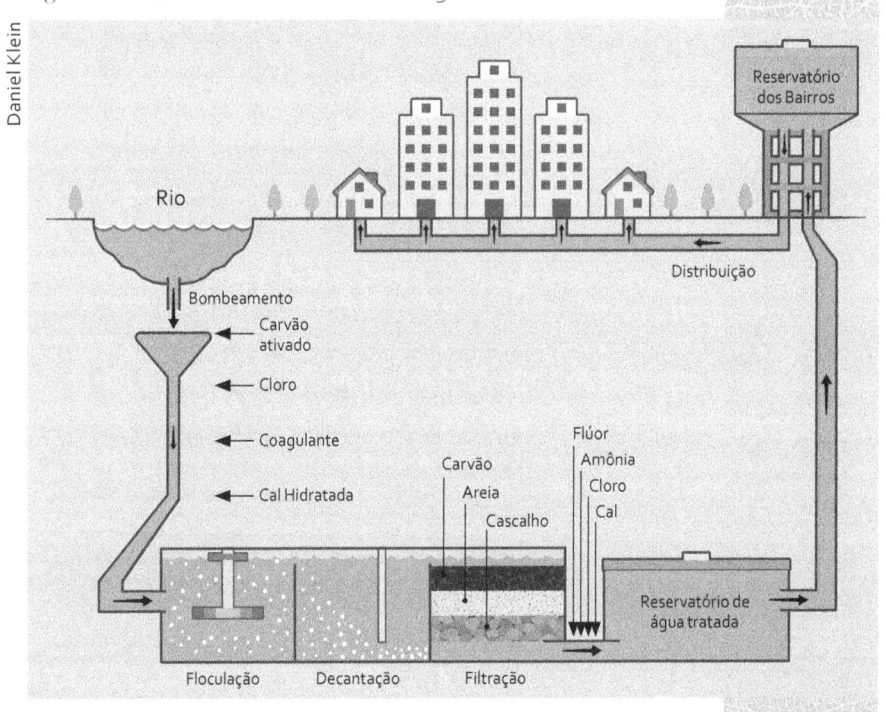

Fonte: Adaptado de Sanasa Campinas, 2014.

O sistema de tratamento de águas mostrado na Figura 2.14 apresenta as seguintes etapas (Sanasa Campinas, 2017, grifo do original):

1. REPRESA OU RIO: local onde é captada a água para tratamento.
2. ADIÇÃO DE CARVÃO ATIVADO: utilizado para a remoção de sabor e odor.
3. PRÉ-CLORAÇÃO: é a adição do cloro para a redução de matéria-orgânica e oxidação de metais.
4. ADIÇÃO DE COAGULANTE: é a adição de um produto químico utilizado para auxiliar a floculação, aplicado no ponto de maior turbilhonamento.
5. ADIÇÃO DE CAL HIDRATADA: para corrigir o pH da água.
6. FLOCULAÇÃO: tem a finalidade de transformara [sic] as impurezas em suspensão, em partículas maiores (flocos) para que possam ser removidas por decantação e ou filtração.
7. DECANTAÇÃO: é o processo de separação de partículas sólidas suspensas (flocos) na água. As partículas mais pesadas que as águas tenderão a se depositar no fundo do tanque.
8. FILTRAÇÃO: retém as partículas finas que não ficaram retidas no decantador.
9. CAL: é adicionado à água para correção do pH.
10. PÓS-CLORAÇÃO: é a adição do cloro com a finalidade de desinfecção.

11. FLÚOR: é adicionado à água objetivando diminuir a incidência de cárie dentária.
12. RESERVATÓRIO FINAL DE ÁGUA TRATADA: é o reservatório onde é armazenada a água tratada que será distribuída à população.

Compreendendo a importância dos recursos naturais e a necessidade de preservar os diferentes sistemas terrestres – e, principalmente, no que diz respeitos aos efeitos dos processos e dos componentes químicos no ambiente – investigaremos nos capítulos seguintes quais são os métodos e as alternativas que contribuem para o adequado manejo ambiental.

Síntese

Neste capítulo, discutimos conceitos fundamentais para compreendermos a relação entre a sociedade e a natureza, abordando alguns temas de geociências. Vimos que, conforme Drew (1983), a Terra pode ser considerada um enorme sistema dividido em diversos subsistemas, dentre os quais comentamos os macrossistemas terrestres: a biosfera, a atmosfera, a litosfera e a hidrosfera.

Destacamos que a compreensão de que as intervenções antrópicas alteram de maneira sistêmica os ecossistemas é essencial para a adequada gestão ambiental. Nesse sentido, os assuntos apresentados demandam constante investigação por parte de pesquisadores e de profissionais que atuam na área ambiental com o objetivo de avaliar os processos de interação entre os sistemas terrestres de maneira contínua, dinâmica e interdependente.

Questões para revisão

1. O estudo da química ambiental demanda distintas perspectivas, entre as quais a capacidade de compreensão sistêmica e complexa do funcionamento dos sistemas terrestres. Quais foram os argumentos apresentados neste capítulo que justificam essa demanda?

2. Descreva a composição dos gases da atmosfera terrestre.

3. Observamos que as mudanças ambientais globais, especialmente as alterações no clima do planeta, são um dos temas de maior destaque no cenário mundial envolvendo os acordos internacionais que buscam evitar o aquecimento global. Sobre a Conferência das Partes (COP) e os seus objetivos, é correto afirmar que:

    I   A Primeira COP foi realizada em 1995, em Berlim, na Alemanha.

    II O Protocolo de Kyoto foi a primeira iniciativa global a apresentar metas quantitativas de redução das emissões ou de captura dos GEE.

    III A 21ª COP reuniu 195 países em Paris, na França, em dezembro de 2015, com o objetivo de alcançar um acordo global sobre o clima que limitasse o aquecimento do planeta a 5 °C até 2100.

    IV Na 21ª COP, o Brasil apresentou metas para descarbonizar a economia do país até o final do século XXI e diminuir o desmatamento.

    Assinale a alternativa certa:
    a) Somente as afirmativas I e III estão corretas.
    b) Somente as afirmativas I, II e III estão corretas.
    c) Somente as afirmativas I e IV estão corretas.

d) Somente as afirmativas I, II e IV estão corretas.
e) Todas as afirmativas estão corretas.

4. O solo corresponde à parte mais superficial da litosfera e, por isso, tem alta exposição às fragilidades ambientais, mas também apresenta potencialidades que garantem sua funcionalidade na manutenção sistêmica da vida no planeta. Leia as afirmações a seguir e depois assinale a alternativa incorreta:
   a) O solo apresenta distintas camadas ou horizontes que se diferenciam pela natureza física, química, mineralógica e biológica.
   b) O solo é desenvolvido ao longo do tempo e está relacionado ao tipo de clima, ao material de origem (rocha-mãe) e à atividade biológica de cada região.
   c) A litosfera está estruturada em duas camadas: crosta terrestre e núcleo.
   d) A crosta terrestre divide-se em duas camadas: superior (sial) e inferior (sima).
   e) A modelagem e os processos físico-químicos da litosfera são realizados por agentes endógenos e exógenos que esculpem continuamente o relevo e caracterizam os diversos tipos de solos.

5. Sobre as placas tectônicas e as rochas, podemos afirmar que:
   I A teoria da tectônica de placas explica que, desde a época da Pangeia, há 200 milhões de anos, os continentes estão em movimento, o que causa mudanças na circulação das correntes atmosféricas, oceânicas e continentais.
   II O movimento das placas tectônicas diz respeito a movimentos na litosfera que ocorreram em eras geológicas do passado. Atualmente, a crosta terrestre apresenta-se estável e sem deslocamentos.

III O surgimento de cordilheiras e as atividades vulcânicas estão relacionados ao movimento das placas tectônicas.

IV A dinâmica da litosfera expõe as rochas a constantes transformações. Essas rochas podem distinguir-se em três grandes grupos: magmáticas, sedimentares e metamórficas.

Assinale a alternativa certa:
a) Somente as afirmativas I e III estão corretas.
b) Somente as afirmativas I, II e III estão corretas.
c) Somente as afirmativas I e IV estão corretas.
d) Somente as afirmativas I, III e IV estão corretas.
e) Todas as afirmativas estão corretas.

Questões para reflexão

1. O texto a seguir expõe os desafios ambientais em escala mundial e resume possibilidades e desafios diante das contribuições da química ambiental. Leia-o com atenção.

> **A Química poderá dar a maior contribuição para solucionar desafios globais**
>
> [...]
>
> A população mundial deverá saltar do atual patamar de 7 bilhões de pessoas para 9 bilhões até 2050. Esse aumento trará desafios globais, como o de possibilitar o acesso a alimentos a esse contingente de pessoas, de forma sustentável.

Agência FAPESP

A maior parte das soluções para esse e outros problemas globais poderá vir da Química, avaliou Adriano Defini Andricopulo, professor do Instituto de Física de São Carlos da Universidade de São Paulo (IFSC-USP) em conferência durante a 68ª Reunião Anual da Sociedade Brasileira para o Progresso da Ciência – SBPC. [...]

De acordo com dados apresentados pelo pesquisador, em 1960 um hectare de terra alimentava duas pessoas. Em 2050 a mesma quantidade de terra terá de alimentar mais de seis pessoas.

Esse desafio é agravado pelo fato de que hoje não se consegue alimentar nem os 7 bilhões de pessoas existentes no mundo, ponderou. "Será preciso desenvolver novos produtos para proteger as culturas agrícolas contra pragas e doenças", apontou Andricopulo. "Nesse sentido, a síntese química terá um papel fundamental."

Cerca de 40% dos alimentos existentes no mundo hoje não existiriam se não houvesse agroquímicos para protegê-los do ataque de organismos causadores de doenças em plantas (fitopatógenos), disse o pesquisador.

A fim de desenvolver novos princípios ativos para pesticidas e herbicidas voltados a controlar ervas daninhas, pragas e doenças fúngicas – uma vez que com o passar do tempo os organismos podem desenvolver resistência a elas –, os químicos têm buscado cada vez mais inspiração em compostos naturais.

Muitas plantas produzem misturas complexas de substâncias químicas que afetam o comportamento de insetos, influenciando onde vão se alimentar ou procriar, afirmou o pesquisador. "Essa informação pode ser usada para desenvolver métodos práticos para o controle de pragas", disse.

Já o aumento do conhecimento sobre a nutrição vegetal pode resultar na melhoria de plantas para absorver nutrientes vitais, como nitrogênio, de forma mais eficiente, indicou Andricopulo.

Um elemento essencial para o desenvolvimento das plantas, uma vez que é usado em uma série de processos metabólicos, o nitrogênio é abundante na atmosfera, mas não tem nenhuma utilidade biológica direta e precisa ser convertido em outras formas, como nitratos, que as plantas são capazes de usar.

As plantas, contudo, não podem absorvê-lo diretamente do ar, mas somente nas formas de amônia solúvel em água ou nitrato, em que são convertidas por bactérias que vivem no solo.

A fim de fornecer esses compostos para as plantas, têm sido usados fertilizantes, como nitrato de amônio. O uso indiscriminado de fertilizantes, contudo, pode causar a degradação da qualidade do solo, a poluição das fontes de água e da atmosfera e o aumento da resistência de pragas.

"A Química pode contribuir na produção de catalisadores mais baratos, por exemplo, que poderiam ajudar as plantas a fixar nitrogênio de forma mais eficiente", avaliou Andricopulo.

Outro elemento essencial para as plantas – que, em alguns anos, até 80% dele estarão disponíveis em formas que não podem ser absorvidas e usadas – é o fósforo.

A fim de disponibilizá-lo para as plantas são usados comumente fertilizantes criados a partir de fosfato extraído de depósitos de rocha sedimentária e tratado quimicamente para aumentar sua concentração e torná-lo mais solúvel, de forma a facilitar sua absorção.

> O problema, contudo, é que os depósitos de fosfato no mundo podem se esgotar nos próximos 50 a 100 anos. "A Química pode desempenhar um papel importante no desenvolvimento de novas tecnologias para recuperar o fósforo a partir de resíduos para potencial reutilização", apontou Andricopulo.
> [...]

Fonte: Alisson, 2016.

Agora, de acordo com o texto lido, responda às questões a seguir:
a) Qual é o desafio mundial apresentado à química ambiental?
b) Qual é o papel da química ambiental na relação do aumento populacional e da crescente demanda de alimentos?
c) O uso de fertilizantes químicos corresponde a um impacto ambiental? Justifique sua resposta.
d) Diante da necessidade de aumento da produtividade agrícola, quais são as contribuições da química ambiental para que o desenvolvimento de agroquímicos apresente menores impactos ambientais?

2. O texto a seguir trata do maior desastre ambiental no Brasil, que envolveu o rompimento da barragem em Mariana, em Minas Gerais, no dia 5 de novembro de 2015.

Catástrofe em Mariana deverá afetar ecossistema por anos

"Muitas regiões jamais serão as mesmas", diz professor de geociências da UFMG (Universidade Federal de Minas Gerais).

Rio Doce – O rompimento das duas barragens de Minas Gerais cortou o fornecimento de água potável para 250 mil pessoas e saturou cursos de água com um sedimento laranja denso que pode afetar o ecossistema por anos a fio.

[...]

O volume total de água expelido pelas barragens e carregado com resíduos minerais por 500 quilômetros é impressionante: 60 milhões de metros cúbicos, o equivalente a 25 mil piscinas olímpicas ou o volume carregado por cerca de 187 tanques de petróleo.

[...]

Cientistas disseram que o sedimento, que contém químicos usados pela mineradora para reduzir impurezas do minério de ferro, podem alterar o curso das correntes à medida que endurecem, reduzir os níveis de oxigênio na água e diminuir a fertilidade das margens de rios e da terra por onde a enxurrada passou.

A mineradora Samarco, joint venture entre as gigantes Vale e BHP Billiton, e proprietária da mina, disse repetidamente que a lama não é tóxica.

Porém, biólogos e especialistas ambientais discordam. Autoridades locais pediram que as famílias resgatadas da inundação lavem cuidadosamente e descartem as roupas que ficaram em contato com a lama.

Reuters

"Já está claro que a fauna está sendo morta por esta lama", disse Klemens Laschesfki, professor de geociências da Universidade Federal de Minas Gerais. "Dizer que esta lama não é um risco à saúde é muito simplista."

Com o endurecimento da lama, disse Laschesfki, a agricultura será dificultada. E tanto lodo irá se assentar no fundo do Rio Doce e dos afluentes que levaram a lama até lá, que o curso da bacia hidrográfica pode mudar.

"Muitas regiões jamais serão as mesmas", disse ele.

Pesquisadores estão testando a água do rio e os resultados devem ser publicados nas próximas semanas, dando uma ideia melhor sobre o conteúdo dos rejeitos minerais.

Um motivo de preocupação é que os compostos conhecidos como aminas de éter podem ter sido utilizados na mina para separar sílica do minério de ferro, para produzir um produto de melhor qualidade.

De acordo com a pesquisa da indústria de mineração e a literatura científica publicada nos últimos anos, os compostos são comumente usados em minas brasileiras, incluindo as da Samarco.

Pelo menos alguns dos compostos, de acordo com o site da Air Products, empresa que os produz, "não são prontamente biodegradáveis e têm uma elevada toxicidade para os organismos aquáticos". Eles também podem aumentar os níveis de pH a um ponto que é prejudicial ao meio ambiente.

"Haverá problemas sérios ao usar a água do rio agora", disse Pedro Antonio Molinas, um engenheiro de recursos hídricos e consultor da indústria de mineração familiarizado com a região.

[...]

Fonte: Eisenhammer, 2015.

De acordo com o texto, explique quais são os pontos de divergência entre o parecer da mineradora Samarco, responsável pelos impactos ambientais causados no desastre de Mariana, e os argumentos apresentado pelos cientistas.

Para saber mais

CAPRA, F. As conexões ocultas: ciência para uma vida sustentável. Tradução de Marcelo Brandão Cipolla. São Paulo: Cultrix, 2002.

Nesse livro, Fritjof Capra centraliza sua investigação no padrão e na organização dos seres vivos, desde aquelas que são evidentes até, especialmente, como ele mesmo destaca, as conexões ocultas entre eles. Para tanto, resgata e ratifica sua leitura sobre a abordagem sistêmica aliada à dinâmica da sociedade contemporânea com o objetivo de apresentar aspectos que integram as dimensões biológicas, cognitivas e sociais. No decorrer do livro, o autor apresenta questões sobre o desafio mundial de estabelecer um desenvolvimento socioambiental e políticas compatíveis com a demanda do capitalismo global. Para Capra, as mudanças devem ser profundas e contínuas, considerando os avanços científicos e tecnológicos, mas, sobretudo, culturais, pelos quais seja possível deslumbrar novas racionalidades sobre o modo de vida da maior parte da população do planeta.

CAPRA, F. A teia da vida: uma nova compreensão científica dos sistemas vivos. Tradução de Newton Roberval Eichemberg. São Paulo: Cultrix, 1997.

Capra apresenta reflexões sobre o avanço da ciência e a discussão de pesquisadores consagrados que romperam com a lógica cartesiana. O autor enfatiza as questões ambientais, as quais exigem mudanças na abordagem de seus estudos para que possamos entender a complexa – como o autor mesmo denomina – *teia da vida*. Entre os aspectos mais relevantes desse livro, destacamos o tratamento da ecologia profunda associada à psicologia Gestalt, que visa romper a alienação da natureza humana sobre a teia da vida da qual faz parte. O livro inclui também contribuições de teóricos sistêmicos como Karl Ludwig von Bertalanffy e Ilya Prigogine, que esclarecem os fluxos contínuos de energia e matéria para reforçar a noção de teia da vida, assim como a autopoiese, de Humberto Maturama.

CAPRA, F. O ponto de mutação: a ciência, a sociedade e a cultura emergente. Tradução de Álvaro Cabral. São Paulo: Cultrix, 1983.

Esta obra trata de conceitos transversais de interesse a cientistas e a profissionais contemporâneos que buscam entender a realidade baseando-se em novos paradigmas que superem a fragmentação do conhecimento em partes para investigá-lo. Capra discute questões sobre a abordagem sistêmica entre as dimensões naturais e sociais e compartilha pensamentos de físicos como Albert Einstein – e seus estudos sobre a Teoria da Relatividade – e Werner Heisenberg – e o princípio da incerteza –, que romperam com o padrão cartesiano. O autor argumenta que vivenciamos um período de transição filosófica e científica que encaminha a humanidade na busca do equilíbrio para a manutenção da vida.

3

Conceitos de química ambiental

Conteúdos do capítulo:

- Elementos químicos presentes na natureza.
- Elementos químicos presentes em nosso cotidiano.
- Propriedades físico-químicas dos elementos mais abundantes na natureza.
- Análise físico-química e biológica do ar, da água e dos solos.
- Principais contaminantes químicos da atmosfera, da litosfera e da hidrosfera.
- Escala de potencial hidrogeniônico (pH) de soluções.
- Diferença e equilíbrio entre ácido e base.
- Atividade iônica.

Após o estudo deste capítulo, você será capaz de:

1. perceber a diferença e a importância dos elementos químicos;
2. diferenciar misturas e soluções e calcular parâmetros químicos;
3. distinguir os contaminantes químicos dos sistemas terrestres;
4. compreender conceitos e cálculos de soluções ácidas e básicas;
5. discriminar a acidez e a basicidade de soluções químicas por meio do pH.

N este capítulo, vamos relembrar alguns conceitos básicos relacionados aos elementos químicos, bem como algumas das propriedades dos elementos mais abundantes na natureza. Também veremos a tabela periódica em sua versão mais atual, na qual consta a classificação dos elementos químicos em sólidos, líquidos e gasosos, além de artificiais, mas todos com importância maior ou menor nas indústrias de bens de consumo.

Quando começamos a lecionar, sempre ouvíamos a seguinte pergunta: Por que estudar química? Ora, se atualmente usamos com muita facilidade veículos automotores e usufruímos de outros confortos devemos isso à industrialização dos combustíveis, à construção de casas mais confortáveis e ao desenvolvimento de novos tecidos para a confecção de roupas mais adequadas a cada situação climática, entre outros avanços, que só foram possíveis com o estudo dessa ciência.

A química é a forma pela qual compreendemos a matéria. Mas o que é *matéria*? A definição mais comum que encontramos em livros didáticos é a de que se trata de tudo o que tem massa e ocupa espaço. Porém, para respondermos com mais precisão, é necessário que definamos *massa* e *espaço*, apesar de que, mesmo definindo-os, ainda assim não teremos uma compreensão real do que é *matéria*. Dessa forma, por mais simplista que seja esta definição, o termo remete-se a qualquer coisa que tenha existência física e real. A origem da palavra é o termo latino *materia*, "'substância da qual um objeto é feito', de MATER, 'mãe geradora'" (Origem da Palavra, 2017).

As substâncias puras ou misturadas formam as matérias que utilizamos em nosso dia a dia. Uma *mistura* não é simplesmente uma fusão de substâncias puras. Sua composição é variável e de acordo com as propriedades dos compostos empregados para obtê-la. Exemplos de misturas são cimento, leite, madeira, concreto, ar e água. Um dos objetivos do estudo da química é poder descrever as propriedades da matéria em termos de sua estrutura interna, ou seja, o seu arranjo atômico e a inter-relação de suas partes

As propriedades podem ser classificadas em físicas ou químicas. Uma propriedade física caracteriza-se por ser evidente sem que seja necessário referenciá-la a qualquer outra substância e por descrever a resposta da substância a algum agente externo, como calor, luz, força, eletricidade etc. As propriedades físicas mais comuns são os pontos de ebulição e de fusão, as condutividades elétrica e térmica, a cor, o índice de refração, a dureza, a resistência à tensão, entre outras.

Uma propriedade química, por sua vez, descreve uma reação, ou seja, a interação da substância com outra ou a transformação da substância em outra. Por exemplo: a oxidação do ferro em meio úmido.

3.1 Elementos químicos na natureza

Sabemos que o número de elementos químicos conhecidos pelo homem aumentou a partir do século XIX, o que instigou muitos cientistas a estudar uma forma de classificar esses elementos e ordená-los em tabelas ou gráficos.

Atualmente, os elementos químicos estão organizados na tabela periódica por ordem crescente de número atômico. Essa disposição foi realizada por Henry Gwyn Jeffreys Moseley (1887-1915) em 1913. Na Figura A, que consta na seção "Anexo", podemos observar a classificação periódica mais comum usada atualmente (Shriver; Atkins, 2008).

Os elementos estão dispostos na tabela periódica de acordo com famílias relacionadas às suas propriedades – os elementos com propriedades químicas semelhantes fazem parte da mesma família. Assim, a tabela é organizada em metais alcalinos, metais alcalinoterrosos, não metais, metais de transição, actinídios, lantanídeos e gases nobres (Shriver, Atkins, 2008).

3.2 Elementos químicos em nosso cotidiano

Em nosso dia a dia, uma abundância elementos e produtos químicos facilitam nossas vidas. Eles estão na agricultura, na pecuária, na construção civil, nos vestuários, nos meios de transporte, na comunicação e nos materiais utilizados nos diferentes ramos da indústria.

Dos exemplos que mencionamos, destacamos a agricultura. As plantações requerem um solo rico em nutrientes, exigindo a adição de defensivos agrícolas (emprego de adubos, aplicação de inseticidas para controle de pragas, uso de calcário para correção de solos muito ácidos). Por esse motivo, vêm se ampliando as pesquisas sobre soluções alternativas, principalmente por meio da engenharia genética, para elaborar sementes de vegetais mais produtivas e resistentes, e do controle biológico de pragas. O tipo de adubo mais comum empregado na agricultura é o

---

Henry Gwyn Jeffreys Moseley, físico britânico, foi o primeiro pesquisador a conseguir determinar os números atômicos dos elementos químicos com precisão.

fertilizante nitrogenado (como vimos anteriormente, à base de nitrogênio). A obtenção desse composto se dá pela retirada do nitrogênio (N_2) do ar para reagir com o metano (CH_4) extraído do gás natural. Essa reação é catalisada pelo óxido de ferro (Fe_2O_3 ou FeO), obtendo-se, então, a amônia (NH_3). Outros compostos inorgânicos usados como fertilizantes são os fosfatos, como o fosfato diamônio [$(NH_4)_2HPO_4$], e os compostos de potássio, magnésio ou enxofre – como o nitrato de potássio (KNO_3), o sulfato de magnésio ($MgSO_4$) e o sulfato de amônio [$(NH_4)_2SO_4$]. O maior problema causado no meio ambiente por esses produtos ocorre em razão do uso excessivo dessas substâncias, causando impactos ambientais no solo e nos recursos hídricos, pois, com a chuva, pode ocorrer a lixiviação desses produtos, que, então, são carregados aos lençóis freáticos e também à rede pluvial.

Os elementos químicos estão presentes também na industrialização dos alimentos. Para conservá-los, é adicionada uma grande quantidade de produtos químicos como aditivos ou conservantes, corantes, antioxidantes, emulsificantes, estabilizantes etc. Um conservante muito comum utilizado pelas indústrias de alimentos, de bebidas e de remédios o ácido cítrico ($C_6H_8O_7$), obtido pela cristalização de sucos de frutas ácidas como limão e laranja. Existem também os compostos fenólicos, que são empregados como antioxidantes. Um exemplo é o butil-hidroxitolueno ($C_{15}H_{24}O$), conhecido como **BHT**, o qual apresenta a seguinte estrutura química:

Figura 3.1 – Estrutura do BHT

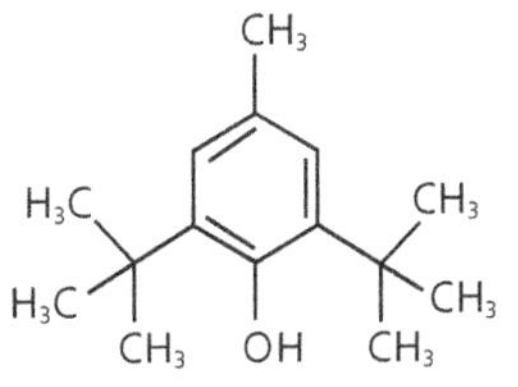

A quantidade de compostos químicos utilizada na indústria de alimentos é muito alta devido às propriedades que devem ser conferidas aos alimentos para que eles atendam a todas as normas de validade, conservação, quantidade de antibactericidas etc.

Em nossas casas e nas construções civis, a presença de elementos químicos é abundante. As casas são construídas com ferro (Fe), tijolo, cimento, vidro etc. Uma aplicação muito comum do ferro em nosso cotidiano são os vergalhões usados para estruturar as vigas das construções. O ferro também está presente em tintas e vernizes, entre outros materiais de acabamento. Os utensílios domésticos são de ferro, alumínio, vidro ou plástico, entre outros. A água chega a nossa casa purificada e clorada – com a adição de cloro (Cl) – por reações químicas. A eletricidade é transmitida por fios de cobre. As vestimentas que usamos são, em sua maioria, feitas de materiais sintéticos.

Voltando às construções, quando elas são realizadas, diversos produtos químicos são usados, principalmente tintas e vernizes, que são tóxicos ao meio ambiente. Se essas substâncias não forem descartadas de forma correta, podem trazer sérios impactos ambientais. Por isso, as indústrias envolvidas na formulação das tintas, em seu manuseio e transporte, devem seguir normas e fornecer instruções aos pintores, aplicadores e usuários finais sobre como descartá-las, visando sempre à melhoria do meio ambiente e ao cuidado com a segurança e a saúde de todos. As empresas têm avançado nessas determinações e estão substituindo alguns compostos químicos mais tóxicos por outros menos prejudiciais ao meio ambiente. Tudo isso é possível em razão das tecnologias e aos estudos que, ao longo dos anos, vêm-se desenvolvendo. Nem todos os profissionais que atuam com produtos e com processos químicos estão devidamente capacitados, o que acarreta riscos à sua própria saúde e à do ambiente.

Nesse sentido, é importante que as empresas assumam a função de garantir a segurança na execução das atividades, sobretudo daquelas que envolvem produtos químicos.

Outros fatores de preocupação são o uso de alguns produtos e a realização de alguns processos químicos que contribuem para a manutenção do ciclo produtivo mundial, pois isso impacta diretamente na poluição e na produção de resíduos, que afetam todo o meio ambiente. A natureza é prejudicada pela retirada de insumos e pelo descarte de resíduos, e os seres vivos sofrem as consequências dessas ações.

A poluição ambiental é muito difícil de ser extinguida no contexto consumista em que estamos inseridos. Por isso, ocorre a degradação do ambiente resultante de atividades que direta ou indiretamente prejudicam a saúde e o bem-estar das populações, afetam de forma negativa a biota e agridem a sociedade. A conscientização em relação à separação do lixo e a um consumo mais sustentável ainda não está presente em toda a sociedade.

Dessa forma, devemos aliar o consumo à industrialização sustentável. As indústrias devem adotar medidas que impactem o menos possível o meio ambiente, e a sociedade deve ter uma responsabilidade social e consciente do lixo que gera, dando o descarte correto a seus resíduos. As consequências das agressões ambientais são muitas vezes irreversíveis, e o que podemos fazer é tentar minimizá-las (Derisio, 2007).

3.3 Misturas químicas

Raramente, na natureza, encontramos substâncias puras. O planeta é constituído por substâncias que não são puras, conhecidas como *misturas*. De acordo com Peter Atkins e Loretta Jones (2012), as misturas podem ser classificadas em homogêneas (também conhecidas como *soluções*) e heterogêneas, conforme a natureza dos elementos químicos, apresentadas no Quadro 3.1.

Quadro 3.1 – Classificação das misturas

Mistura homogênea	Mistura heterogênea
Mistura de duas ou mais elementos químicos que apresenta as mesmas propriedades em toda a sua extensão.	Mistura de dois ou mais elementos químicos que não apresenta as mesmas propriedades em toda a sua extensão.
Sistema monofásico.	Sistema polifásico.

Um exemplo comum de mistura homogênea é a mistura entre sal e água, pois o primeiro é dissolvido na segunda, o que confere à mistura um aspecto de uma única fase, ou seja, é um sistema monofásico.

Figura 3.2 – Mistura de água e sal

Água → Solução aquosa de sal

Africa Studio/Shutterstock

Outros exemplos de misturas homogêneas são as misturas entre a água e o álcool, a água e o açúcar, a água e a acetona etc. O grande risco ambiental apresentado pelas misturas homogêneas é que existem solventes tóxicos que podem trazer sérios danos ambientais à fauna e à flora, como o clorofórmio, que são solúveis em água, e, como a mistura homogênea não forma duas fases, não há como detectá-la a olho nu. Portanto, esse tipo de contaminação pode ser mascarado, caso não seja denunciado ou detectado pela supervisão dos órgãos ambientais.

Já entre as misturas heterogêneas, a mais comum é a mistura entre a água e o óleo, visto que o segundo não é dissolvido pela primeira, ou seja, são substâncias imiscíveis (que não se misturam) entre si, formando um sistema com duas fases: uma de água e outra de óleo.

Figura 3.3 – Mistura de água e óleo

Se acrescentarmos a essa mistura a areia, teremos um sistema com três fases distintas: uma de água, uma de areia e outra de óleo. Portanto, trata-se de um sistema trifásico (Atkins; Jones, 2012). Os sistemas com duas fases ou mais (difásicos, trifásicos, tetrafásicos etc.) são chamados de *polifásicos*.

Figura 3.4 – Mistura de água, areia e óleo

Muitos acidentes ambientais causados por misturas heterogêneas são fáceis de serem detectados. Um exemplo muito comum é o derramamento ou o vazamento de petróleo em rios e mares. Outro acidente ambiental bem conhecido é o derramamento de óleo ou de combustíveis no solo, que, além de contaminar imediatamente esse recurso ambiental, ainda agride os lençóis freáticos e, inclusive, a biota envolvida.

Por esses exemplos, podemos perceber que as misturas homogêneas e heterogêneas são formadas por solutos e solventes. Os solutos são substâncias sólidas dissolvidas no solvente, que é o meio em maior quantidade nas misturas.

De acordo com o diâmetro médio das partículas da substância dispersa, a dispersão – que, do ponto de vista químico, é qualquer disseminação de uma substância ao longo de todo o volume de outra substância – pode ser classificada em:

O angstrom (Å) é uma medida de comprimento equivalente a 10^{-10} m (0,1 nanômetros ou 120 picômetros).

- Solução – As partículas da substância dispersa apresentam um diâmetro médio de 10 Å. Exemplo: mistura de água e açúcar. O soluto é o açúcar e o solvente, a água.
- Dispersão coloidal – As partículas da substância dispersa apresentam um diâmetro médio entre 10 Å e 1 000 Å. Exemplos: fumaça, neblina e geleia.
- Suspensão – As partículas da substância dispersa apresentam um diâmetro superior a 1 000 Å. Na suspensão, a substância dispersa é sólida, e a dispersante, líquida. Exemplo: leite de magnésia.
- Emulsão – As partículas da substância dispersa apresentam um diâmetro superior a 1 000 Å. Diferentemente da dispersão coloidal, na emulsão, tanto a substância dispersa quanto a dispersante são líquidas. Exemplos: leite e maionese.

As soluções estão presentes no nosso cotidiano e no meio ambiente. As ligas metálicas são exemplos de soluções sólidas, por exemplo, pois o ferro fundido utilizado em vergalhões na construção civil é uma mistura de ferro e carbono. A água dos oceanos é uma solução líquida de sais e de vários gases, todos dissolvidos na água.

As soluções podem ser classificadas conforme a razão entre soluto e solvente, como mostra o Quadro 3.2.

Quadro 3.2 – Classificação das soluções

Diluída	Concentrada	Saturada	Supersaturada
A quantidade de soluto é muito pequena em relação à de solvente.	A quantidade de soluto é grande em relação à de solvente.	A quantidade de soluto é a máxima permitida para certa quantidade de solvente numa dada temperatura.	A quantidade de soluto é maior que a máxima permitida. É um sistema instável.

3.3.1. Conceitos básicos de solução química

As diferentes relações entre as quantidades de soluto e solvente são denominadas *concentrações*. A quantidade de soluto geralmente é expressa em unidade de massa (quilograma – kg); a quantidade do solvente geralmente é expressa em unidade de volume (metro cúbico – m^3); e as concentrações, em quantidade de matéria (mol) por metro cúbico (mol/m^3). A seguir, apresentamos os tipos mais comuns de concentração, segundo Gilbert Willlian Castellan (1986).

> Indicamos apenas as unidades-padrão do Sistema Internacional de Unidades (SI), que padroniza as unidades de medida em todo o mundo. Ressaltamos, porém, que podem ser usadas subdivisões dessas unidades ou unidades equivalentes.

- **Título**

    Chamamos de *título (T)* de uma solução a razão estabelecida entre a massa do soluto (m_1) e a massa da solução (m), ambas medidas na mesma unidade. Assim:

    $$T = \frac{m_1}{m} \quad \text{ou} \quad T = \frac{m_1}{m_1 + m_2}$$

Em que:

- m_1 = massa do soluto
- m_2 = massa do solvente
- $m = m_1 + m_2$
- T = título (número adimensional, sem unidade)

Podemos calcular a porcentagem (p_1) em massa do soluto em uma solução aplicando a seguinte equação:

$$p_1 = 100 \cdot T$$

Assim, se o título de uma solução é 0,2, teremos $p_1 = 100 \cdot 0,2 = 20\%$. Isso quer dizer que a solução de um título é de 20%, ou seja, a solução apresenta 20% em massa de soluto e 80% em massa de solvente.

h. Fração molar

Para uma solução, são consideradas duas frações molares: a **fração molar do soluto (x_1)** e a **fração molar do solvente (x_2)**.

A fração molar do soluto é a razão estabelecida entre o número de mols de moléculas do soluto e o número total de mols de moléculas da solução.

Fração molar do solvente é a razão estabelecida entre o número de mols de moléculas do solvente e o número total de mols de moléculas da solução. Assim:

$$x_1 = \frac{n_1}{n_1 + n_2} \text{ e } x_2 = \frac{n_2}{n_1 + n_2}$$

Em que:

- x_1 = fração molar do soluto (número adimensional, sem unidade)
- x_2 = fração molar do solvente (número adimensional, sem unidade)
- n_1 = número de mols do soluto
- n_2 = número de mols do solvente

O número de mols pode ser calculado por meio da razão massa por mol. Assim:

$$n_1 = \frac{m_1}{\text{massa molar}_1} \text{ e } n_2 = \frac{m_2}{\text{massa molar}_2}$$

Podemos provar que, para qualquer solução, a soma das frações molares (soluto e solvente) é sempre igual a 1:

$$x_1 + x_2 = \frac{n_1}{n_1 + n_2} + \frac{n_2}{n_1 + n_2} = \frac{n_1 + n_2}{n_1 + n_2} \rightarrow x_1 + x_2 = 1$$

A fração molar é muito utilizada para representar a quantidade presente de diferentes elementos químicos no ar. Sabemos que o ar é constituído principalmente de nitrogênio (N_2), hidrogênio (H_2), oxigênio (O_2) e argônio (Ar). Mas há muitas emissões gasosas que são oriundas dos processos industriais e das frotas de carros. Essas partículas podem reagir com os gases presentes na atmosfera. Por isso, é realizado o cálculo da fração molar para determinar a quantidade em porcentagem mássica ou molar dos elementos presentes no ar.

Densidade absoluta

A densidade absoluta (d) de uma solução é a razão entre a massa e o volume dessa solução:

$$d = \frac{m}{V}$$

Em que:

- m = massa da solução
- V = volume da solução
- d = densidade absoluta da solução

Assim, se a densidade de uma solução é de 200 g/L, isso significa que cada litro da solução apresenta massa de 200 g.

Concentração comum, molar e molal

A **concentração comum (C)** de uma solução é a razão estabelecida entre a massa do soluto e o volume dessa solução:

$$C = \frac{m_1}{V}$$

Em que:

- m_1 = massa do soluto
- V = volume da solução
- C = concentração comum

Assim, se a concentração comum de uma solução é de 300 g/L, isso significa que cada litro da solução contém 300 g de soluto. É importante não confundir *densidade absoluta* com *concentração comum* de uma solução. Para o cálculo da primeira, usamos a massa total da solução; para calcular a segunda, utilizamos somente a massa do soluto que está dissolvida no solvente.

A concentração molar (M) de uma solução, também denominada *molaridade*, é a razão estabelecida entre o número de mols de moléculas do soluto e o volume em litros da solução:

$$M = \frac{n_1}{V}$$

Em que:

- n_1 = número de mols de moléculas do soluto
- V = volume da solução
- M = concentração molar

Assim, se uma solução é 0,25 molar (0,5 M ou 0,5 mol/L), isso significa que cada litro da solução contém 0,5 mol de soluto.

A concentração molal (W) de uma solução é a razão entre o número de mols de moléculas do soluto e a massa, em quilogramas, do solvente:

Em que:

$$W = \frac{n_1}{m_2(kg)}$$

- n_1 = número de mols de moléculas do soluto
- m_2 = massa, em quilogramas, do solvente
- W = concentração molal

A concentração molal é também denominada *molalidade* (Atkins; Jones, 2012; Brady, Humiston, 2011a; Russel, 1994).

Os conceitos sobre os tipos de concentração são muito importantes porque são utilizados para determinar a qualidade da água, do ar e do solo. Laboratórios de regulamentação dos recursos hídricos e órgãos ambientais solicitam às empresas essas informações para certificarem-se de que elas estão dando o devido tratamento a suas emissões de gases.

Os profissionais que atuam na gestão ambiental e nas áreas correlacionadas devem estar cientes de aspectos envolvendo a legislação e as normas que regulamentam o descarte de resíduos, sejam sólidos, sejam líquidos, sejam gasosos. Além disso, o conhecimento técnico específico de química contribui para a compreensão de especificidades como densidade, concentração e molaridade, pois é preciso interpretar laudos e relatórios emitidos por laboratórios credenciados que indicam se os resíduos estão dentro ou fora dos valores especificados pelas agências regulamentadoras e se a gestão dos resíduos é realizada da forma correta.

Exercícios resolvidos

1. São dissolvidos 12,6 g de HNO_3 em 23,4 g de água. Calcule as frações molares do soluto e do solvente dessa solução.

Resolução

$$\begin{cases} HNO_3 \text{ é o soluto} \rightarrow n_1 = \dfrac{12,6}{63} = 0,2 \\ H_2O \text{ é o solvente} \rightarrow n_2 = \dfrac{23,4}{18} = 1,3 \end{cases}$$

$$x_1 = \dfrac{n_1}{n_1 + n_2} \rightarrow x_1 = \dfrac{0,2}{0,2 + 1,3} = \dfrac{0,2}{1,5} = 0,13$$

$$x_2 = \dfrac{n_2}{n_1 + n_2} \rightarrow x_2 = \dfrac{1,3}{0,2 + 1,3} = \dfrac{1,3}{1,5} = 0,87$$

Resposta: $x_1 = 0,13$ e $x_2 = 0,87$.

2. Calcule a densidade absoluta de uma solução que apresenta massa de 50 g e volume de 200 cm³.

Resolução

$$\begin{cases} m = 50\,g;\ d = \dfrac{m}{V} \to d = \dfrac{50\,g}{200\,cm^3} \to d = 0{,}25\,g/cm^3 \\ V = 200\,cm^3 = 0{,}2\,L;\ d = \dfrac{m}{V} \to d = \dfrac{50\,g}{0{,}2\,L} \to d = 250\,g/L \end{cases}$$

Resposta: d = 0,25 g/cm³ ou d = 250 g/L.

3. Em 356,4 g de água são dissolvidos 68,4 g de sacarose ($C_{12}H_{22}O_{11}$). Determine as frações molares da sacarose e da água.

Resolução

Cálculo do número de mols:

- Número de mols da sacarose:

$$n(C_{12}H_{22}O_{11}) = \dfrac{massa(C_{12}H_{22}O_{11})}{massa\ molar(C_{12}H_{22}O_{11})} =$$

$$= \dfrac{68{,}4\,g}{342\,g/mol} = 0{,}20\ mols$$

- Número de mols da água:

$$n(H_2O) = \dfrac{massa(H_2O)}{massa\ molar(H_2O)} = \dfrac{356{,}4\,g}{18{,}02\,g/mo}$$

$$= 19{,}78\ mols$$

- Cálculo da fração molar x:

$x_{composto} =$

$= \dfrac{\text{número de mols da solução}}{\text{número de mols total (mols da água + mols da sacarose)}}$

Fração molar da sacarose:

$$x(C_{12}H_{22}O_{11}) = \frac{0{,}20 \text{ mols}}{(0{,}20 + 19{,}78) \text{ mols}} = 0{,}01 \text{ ou } 1{,}00\%$$

Fração molar da água:

$$x(H_2O) = \frac{19{,}78 \text{ mols}}{(0{,}20 + 19{,}78) \text{ mols}} = 0{,}99 \text{ ou } 99\%$$

4. Uma solução contém 6 g de hidróxido de sódio (NaOH) dissolvidos em 51,3 g de água. Determine as frações molares do hidróxido de sódio e da água.

Resolução

Cálculo do número de mols:

- Número de mols do hidróxido de sódio:

$$n(NaOH) = \frac{\text{massa}(NaOH)}{\text{massa molar}(C_{12}H_{22}O_{11})} = \frac{6 \text{ g}}{40 \text{ g/mol}} =$$
$$= 0{,}15 \text{ mols}$$

- Número de mols da água:

$$n(H_2O) = \frac{\text{massa}(H_2O)}{\text{massa molar}(H_2O)} = \frac{51{,}3 \text{ g}}{18{,}02 \text{ g/mol}} =$$
$$= 2{,}85 \text{ mols}$$

- Cálculo da fração molar x:

$$x_{composto} =$$
$$= \frac{\text{número de mols da solução}}{\text{n. de mols total (mols da água + mols do hidróxido de sódio)}}$$

Fração molar do hidróxido de sódio:

$$x(NaOH) = \frac{0{,}15 \text{ mols}}{(0{,}15 + 2{,}85) \text{ mols}} = 0{,}05 \text{ ou } 5\%$$

Fração molar da água:

$$x(H_2O) = \frac{2{,}85 \text{ mols}}{(0{,}15 + 2{,}85) \text{ mols}} = 0{,}95 \text{ ou } 95\%$$

5. Uma solução apresenta massa de 30 g e ocupa um volume de 40 cm³. Qual é a sua densidade absoluta, em g/L?

Resolução

Como 1 litro = 1 000 cm³, então:

1 L — 1 000 cm³
x — 40 cm³
x = 0,04 L

Cálculo da densidade:

$$d = \frac{\text{massa da solução}}{\text{volume da solução}} = \frac{30 \text{ g}}{0{,}04 \text{ L}} = 750 \text{ g/L}$$

3.4 Análises físico-químicas

O conhecimento das propriedades físico-químicas de átomos e de moléculas, assim como de suas interações, permite diagnosticar até que níveis eles podem ser perigosos aos ecossistemas e à saúde humana.

Nesse sentido, a análise da água e de todas as soluções aquosas serve para identificar e quantificar elementos químicos presentes nesses compostos e verificar se eles têm efeitos negativos em questões ambientais. São muitos os parâmetros que devem ser analisados para saber se a qualidade da água está nos padrões estabelecidos pela legislação (Parron; Muniz; Pereira, 2011).

As legislações que regulamentam a qualidade físico-química da água são Resolução n. 430, de 13 de maio de 2011 (Brasil, 2011b) e as Normas Brasileiras NBR 10004 (ABNT, 2004a) e NBR 13969 (ABNT, 1997). Os parâmetros analisados para verificar a qualidade dos recursos hídricos são potencial hidrogeniônico (pH), alcalinidade total, oxigênio dissolvido (DO), condutividade elétrica, sólidos totais dissolvidos, turbidez, carbono orgânico total, demanda biológica de oxigênio (DBO) e demanda química de oxigênio (DQO).

Para a análise dos solos, são considerados o potencial hidrogeniônico (pH), granulometria, presença de metais pesados, pesticidas e capacidade de trocas de cátions efetivas. Essas análises são exigidas pela Resolução n. 375, de 29 de agosto de 2006 (Brasil, 2006) e, no Paraná, pela Resolução Conjunta Sema/IAP n. 21, de 18 de junho de 2007 (Paraná, 2007).

No caso das emissões atmosféricas, a legislação regulamenta as análises de material particulado em suspensão, fumaça, partículas inaláveis, dióxido de enxofre (SO_2), monóxido de carbono (CO), ozônio (O_3) e dióxido de nitrogênio (NO_2). A Resolução n. 3, de 28 de junho de 1990 (Brasil, 1990) estabelece ainda os critérios para episódios agudos de poluição do ar.

3.5 Poluentes químicos

Atualmente, a qualidade dos sistemas hídrico e atmosférico está alterada devido ao crescimento demográfico, industrial e comercial, entre outros fatores, que se iniciou com a Revolução

Industrial, em 1760. Desde então, o consumo de bens industrializados vem aumentando, assim como o consumo dos recursos naturais utilizados pelas indústrias. Consequentemente, há um acréscimo na degradação ambiental e uma diminuição da disponibilidade e da qualidade do meio ambiente em geral.

Os recursos hídricos e atmosféricos podem ser afetados pelas atividades do homem de maneira sistêmica, conforme estudamos nos capítulos anteriores. Cada uma das atividades antrópicas gera poluentes que devem ser tratados e destinados da forma correta. Porém, alguns contaminantes são mais agressivos do que outros aos meios receptores.

Os poluentes têm origem variada: biológica, química, física ou da interação entre elas. Trataremos, aqui, daqueles que têm origem química e que são recorrentes nos dois recursos mencionados, hídrico e atmosférico. Como os ramos industriais são diversificados, há diferentes produtos químicos utilizados pelas fábricas.

Na Figura 3.5, podemos observar alguns exemplos de poluição responsáveis pelas seguintes consequências ambientais: efeito estufa, aquecimento global, mudanças climáticas, inversão térmica, ilhas de calor e chuva ácida. Vimos esses problemas no primeiro capítulo, mas agora chamamos a atenção novamente para cada um a fim de percebermos a diferença entre eles. Um dos poluentes que aparecem nas imagens é o dióxido de carbono (CO_2), resultado da queima de combustíveis fósseis ou de madeiras. Outros são o sulfeto de hidrogênio (H_2S) e o monóxido de carbono (CO), emitidos por vulcões.

Figura 3.5 - Emissões de gases poluentes

O efeito estufa ocorre quando parte da radiação infravermelha recebida como calor do Sol é refletida pela superfície terrestre e absorvida pelos gases presentes na atmosfera, conhecidos como *gases do efeito estufa* (GEE), causando um aumento do calor.

Figura 3.6 – Esquema do efeito estufa

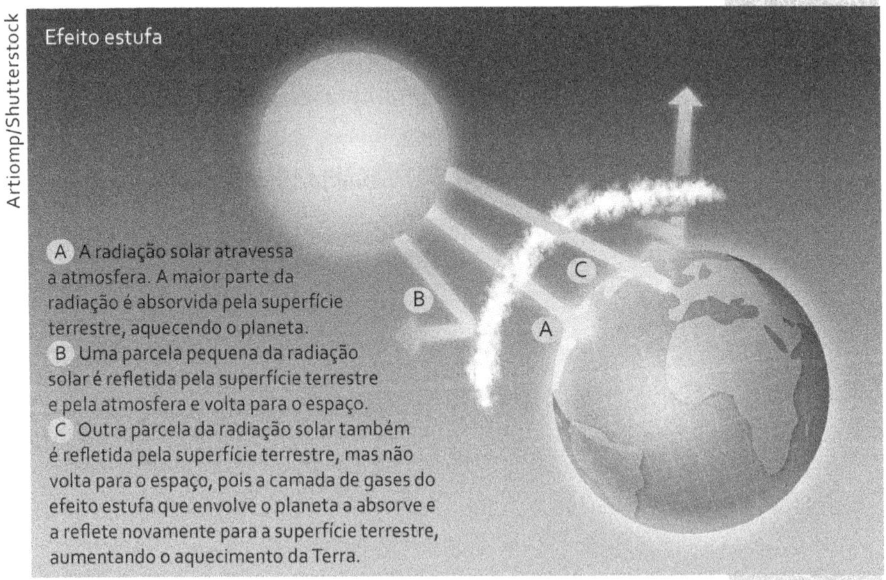

Efeito estufa

A A radiação solar atravessa a atmosfera. A maior parte da radiação é absorvida pela superfície terrestre, aquecendo o planeta.
B Uma parcela pequena da radiação solar é refletida pela superfície terrestre e pela atmosfera e volta para o espaço.
C Outra parcela da radiação solar também é refletida pela superfície terrestre, mas não volta para o espaço, pois a camada de gases do efeito estufa que envolve o planeta a absorve e a reflete novamente para a superfície terrestre, aumentando o aquecimento da Terra.

Como mencionamos anteriormente, o aquecimento global é um fenômeno climático relacionado ao aumento da temperatura média da Terra em virtude dos gases do efeito estufa e vem ocorrendo nos últimos 150 anos. Apesar de ele ter causas naturais (como as emissões gasosas de vulcões), as atividades humanas são preponderantes – queimadas, desmatamentos, produção industrial e uso de veículos automotores (Baird, 2002). O aquecimento global é responsável pelas mudanças climáticas que vêm ocorrendo no planeta, como as variações no clima e na temperatura.

A inversão térmica ocorre tipicamente em grandes centros urbanos e fabris, pois, quando uma camada de ar frio adentra uma cidade ou se posiciona sobre uma grande área urbana ou industrial, é repentinamente coberta por uma camada de ar quente, que aprisiona o ar frio, causando uma inversão de temperatura. Outro fenômeno climático é a ilha de calor, que se trata da elevação da temperatura nos grandes centros urbanos em relação à área rural que está à sua volta (Seiffert, 2010).

Chuva ácida é o termo genérico que abrange qualquer precipitação atmosférica (por exemplo, a neblina ou a neve) cuja acidez seja maior que a resultante do dióxido de carbono (CO_2) presente na atmosfera dissolvido em água, que forma o ácido carbônico (H_2CO_3).

3.5.1 Poluentes atmosféricos

Agora, trataremos dos poluentes químicos atmosféricos listados pelo Ministério do Meio Ambiente (MMA), os quais envolvem as emissões industriais, automobilísticas e comerciais, entre outras (Brasil, 2017):

- Aldeídos (RCHO) – São compostos tóxicos obtidos pela oxidação parcial dos álcoois, envolvendo hidrocarbonetos. São comuns na combustão incompleta de combustíveis automotores e estão presentes na emissão de gases dos escapes dos automóveis, principalmente em veículos que utilizam etanol como combustível. Os aldeídos emitidos pelos automóveis são o formaldeído e o acetaldeído.

  Os principais danos que os aldeídos causam à saúde são irritação dos olhos, do nariz e das mucosas (vias respiratórias em geral) e crises alérgicas e asmáticas. Também têm potencial carcinogênico, principalmente para as pessoas muito expostas a tais emissões, como as que trabalham diretamente com o manuseio e a produção de combustíveis ou em outros setores da indústria que apliquem esses compostos.

Existem indústrias que utilizam os aldeídos em reações químicas de grande importância comercial como, por exemplo, a indústria de combustíveis, as empresas de resina fenólica e de formaldeído, a indústria de tintas, entre outras.

- Dióxido de enxofre (SO_2) – Trata-se de um gás que pode ser produzido por fontes naturais ou oriundo de emissões provenientes da ação humana. É extremamente tóxico e incolor. Quando reage com outros compostos na atmosfera, pode formar material particulado de diâmetro reduzido. Um exemplo de reação do dióxido de enxofre com compostos da atmosfera é a chuva ácida (Fogliatti; Filippo; Goudard, 2004).

  Exemplos de fontes naturais desse gás são os vulcões. Dessa forma, a existência do dióxido de enxofre na atmosfera data do início da formação da Terra. Porém, as emissões desse gás geradas pelo homem são as principais responsáveis pela sua presença nociva na atmosfera. Grande parte do dióxido de enxofre emitido atualmente é oriunda da atividade industrial e da queima de combustíveis fósseis que contêm enxofre. O uso desses combustíveis é muito grande na produção de energia em termoelétricas e nos motores dos automóveis.

- Hidrocarbonetos (HC) – Constituem-se, basicamente, de carbono e hidrogênio, que podem apresentar-se na forma de gases. Um hidrocarboneto muito conhecido é o metano (CH_4), obtido tanto de fontes naturais quanto de fontes industriais. As naturais são diversas, como o lixo orgânico, as fezes de animais e o petróleo, além de ser encontrado também em grandes bolsões debaixo da terra, nos quais estão pressurizados.

A obtenção dos hidrocarbonetos em processos industriais também é variada, mas a principal é a queima de combustíveis para a produção de energia em carros, ônibus, caminhões e outros veículos. Pressupõe-se que o metano seja um dos principais responsáveis pela agressão da camada de ozônio e pelo superaquecimento da Terra (Mano; Pacheco; Bonelli, 2005).

- Dióxido de nitrogênio (NO_2) – É um gás altamente poluente e muito agressivo à camada de ozônio. Causa sérios efeitos na saúde humana e é responsável pelas mudanças climáticas globais. Pode ser obtido de forma natural, devido às forçantes climáticas naturais, como a emissão de gases por vulcões, as descargas elétricas e algumas ações bacterianas. Mas os problemas climáticos mais significativos, causados pelas ações antrópicas, são os efeitos radiativos de nuvens, os gases do efeito estufa (provenientes principalmente das frotas de veículos automotores), as mudanças no uso do solo e os aerossóis (fumaça) emitidos pelas queimadas e pelas indústrias. Esse gás agride o sistema respiratório, acarretando problemas pulmonares. Também é responsável pela formação da chuva ácida (Baird, 2002).
- Material particulado (MP) – São sólidos que podem variar de diâmetro e cujas principais fontes são a queima de combustíveis fósseis, a biomassa vegetal e as emissões de amônia na agricultura. Os materiais particulados são classificados conforme seu diâmetro e podem causar sérios danos à saúde, principalmente problemas respiratórios e pulmonares.

- Monóxido de carbono (CO) – É um gás inodoro e incolor, que se forma no processo de queima de combustíveis, quando a combustão é incompleta, ou seja, não há oxigênio suficiente para realizar a queima total do combustível. Os maiores emissores de monóxido de carbono são os veículos automotores.
- Ozônio (O_3) – Trata-se de um gás obtido de reações químicas entre dióxido de nitrogênio e compostos orgânicos voláteis, na presença de radiação solar, conhecido como ozônio urbano. É poluente quando está presente na troposfera, pois, diretamente em contato com o ser humano, é tóxico. O ozônio só é benéfico na estratosfera, porque compõe a camada de ozônio, cuja função é absorver os raios ultravioleta emitidos pelo Sol e, assim, diminuir o superaquecimento global (Baird, 2002). O ozônio poluente é oriundo principalmente da queima de combustíveis fósseis, da volatilização de combustíveis, da criação de animais e da agricultura; quando não provém dessas fontes, é considerado de qualidade ao meio ambiente e não reage na troposfera.
- Poluentes climáticos de vida curta (PCVC) – São conhecidos dessa forma por apresentarem existência relativamente curta na atmosfera. São extremamente agressivos à saúde e ao ambiente e também são agravantes do efeito estufa. As principais fontes dos PCVC são a queima de carvão e de madeira, o gás metano, o ozônio da troposfera e os hidrofluorcarbonetos (HFC), gases utilizados principalmente em sistemas de refrigeração (Pereira, 2004).

3.5.2 Poluentes hídricos

Os poluentes dos recursos hídricos são numerosos e provêm de diferentes fontes. Basicamente, a poluição química da água é causada por dois tipos de poluentes:

1. Biodegradáveis – São produtos químicos que podem ser decompostos pela ação de microrganismos, os quais empregam a respiração celular para degradar os compostos menos agressivos ao meio ambiente.
2. Persistentes – São produtos químicos que não são decompostos pelo meio ambiente. Esses poluentes são graves e podem gerar a contaminação de rios, peixes, alimentos, solos e assim por diante.

Entre as atividades realizadas pelo homem que podem gerar a poluição dos recursos hídricos, destacamos o esgoto doméstico. Ainda hoje, inúmeras cidades não dispõem de rede de esgoto para a população; assim, os resíduos são lançados diretamente em rios e nascentes, poluindo os recursos hídricos existentes naquela região. Outras fontes geradoras desse tipo de poluição química são os depósitos de lixo, a mineração, a agricultura e as indústrias.

Os depósitos de lixo são fontes de poluição porque, muitas vezes, são instalados a céu aberto, sem nenhum controle do que lhes está sendo destinado: podem ser resíduos de lixo doméstico, hospitalar, industrial ou agrícola. Há regiões do país nas quais o lixo é jogado em terrenos baldios, e isso causa danos à população e aos recursos hídricos, pois os resíduos entopem bueiros, canaletas e dutos de água. Além do mais, nos conhecidos "lixões" forma-se o chorume, um líquido malcheiroso proveniente da decomposição dos resíduos, que é altamente tóxico e poluente e pode atingir os lençóis freáticos, contaminando a água (Pereira, 2004).

A agricultura também é responsável pela contaminação dos recursos hídricos, pois utiliza defensivos químicos, inseticidas e pesticidas, os quais, em contato com as plantações, podem poluir o solo, a vegetação e, consequentemente, os animais. A contaminação hídrica também ocorre devido às chuvas, que lavam esses produtos químicos e lixiviam os contaminantes no solo, acarretando a contaminação do lençol freático (Mano; Pacheco; Bonelli, 2005).

As indústrias, por sua vez, apresentam variações na forma de contaminação das fontes hídricas: poluição das águas da rede pública, das águas de sistemas de refrigeração e aquecimento (caldeiras) e das águas utilizadas nas linhas de produção como matéria-prima ou na limpeza de equipamentos. Dependendo do processo químico e do tamanho da indústria, há maior consumo de água e, consequentemente, maior poluição dos recursos hídricos; por isso, as empresas precisam aplicar o tratamento correto antes de destinar a água utilizada aos seus corpos receptores.

Ressaltamos que existem indústrias químicas de grande importância para a sociedade, mas que geram inúmeros contaminantes. As refinarias de petróleo e de produção de combustíveis, por exemplo, são extremamente importantes, pois fabricam substâncias utilizadas por toda a população. No entanto, é notório o fato de que o petróleo é extremamente contaminante do solo, do ar e da água, assim como seus subprodutos (gasolina, *diesel*, gases de combustão etc.). Empresas que fabricam papel e celulose também geram diversos tipos de poluente, pois produzem compostos organoclorados, que não são biodegradáveis e, em altas concentrações, causam intoxicação aos seres vivos. Outro exemplo que podemos mencionar são os curtumes, indústrias que beneficiam o couro. Esse material apresenta alta concentração de cromo, substância muito perigosa à saúde humana. Além disso, há perigo em várias etapas do processo de beneficiamento do couro, que envolvem lavagem, tingimento e curtimento, que são prejudiciais ao meio ambiente (Pereira, 2004).

A seguir, no Quadro 3.3, podemos observar os valores máximos dos parâmetros físicos e químicos do índice de qualidade da água (IQA) determinado pela National Sanitation Foundation (NFS International), órgão norte-americano que regula a qualidade da água nos Estados Unidos.

Quadro 3.3 – Parâmetros de qualidade da água do IQA e respectivo peso

Parâmetro de qualidade da água	Peso (w)
Oxigênio dissolvido	0,17
Coliformes termotolerantes	0,15
Potencial hidrogeniônico – pH	0,12
Demanda Bioquímica de Oxigênio – DBO 5,20	0,10
Temperatura da água	0,10
Nitrogênio total	0,10
Fósforo total	0,10
Turbidez	0,08
Resíduo total	0,08

Fonte: Adaptado de Indicadores..., 2017.

Os parâmetros físicos são cor, sabor e odor, enquanto os químicos são potencial hidrogeniônico (pH), oxigênio dissolvido (OD), demanda bioquímica de oxigênio (DBO), demanda química de oxigênio (DQO), compostos nitrogenados, fosfatos, óleos e graxas, detergentes, arsênio, cloretos, pesticidas, resíduos, compostos sulfurados, metais pesados. No Brasil, a qualidade da água é regulamentada pela Resolução n. 357, de 17 de março de 2005 (Brasil, 2005), e pela Resolução n. 430/2011 (Brasil, 2011b), já mencionada, ambas editadas pelo Conselho Nacional do Meio Ambiente (Conama).

Além do peso (w), cada parâmetro tem um valor de qualidade (q). Segundo a ANA (2017),

> O cálculo do IQA é feito por meio do produtório ponderado dos nove parâmetros, segundo a seguinte fórmula:
> $$IQA = \prod_{i=1}^{n} q_i^{w_i}$$
> onde:
> IQA = Índice de Qualidade das Águas. Um número entre 0 e 100;
> q_i = qualidade do i-ésimo parâmetro. Um número entre 0 e 100, obtido do respectivo gráfico de qualidade, em função de sua concentração ou medida (resultado da análise);
> w_i = peso correspondente ao i-ésimo parâmetro fixado em função da sua importância para a conformação global da qualidade, isto é, um número entre 0 e 1, de forma que:
> $$\sum_{i=1}^{n} = w_i = 1$$
> Sendo *n* o número de parâmetros que entram no cálculo do IQA.

O IQA apresenta valores que podem variar entre os estados brasileiros. A seguir, no Quadro 3.4, apresentamos as faixas de valores do IQA adotados pelas unidades da Federação.

Quadro 3.4 – Valores de IQA para os estados brasileiros

Faixas de IQA utilizadas nos seguintes estados: AL, MG, MT, PR, RJ, RN, RS	Faixas de IQA utilizadas nos seguintes estados: BA, CE, ES, GO, MS, PB, PE, SP	Avaliação da qualidade da água
91-100	80-100	Ótima
71-90	52-79	Boa
51-70	37-51	Razoável
26-50	20-36	Ruim
0-25	0-19	Péssima

Fonte: Adaptado de ANA, 2017.

3.6 Substâncias ácidas e substâncias básicas

A primeira definição de *ácido* e *base* foi dada pelo químico sueco Svante August Arrhenius (1859-1927) em 1884.

Substâncias ácidas são aquelas que, em solução aquosa, dissociam-se em íons de hidrogênio (H^+, cátion hidrogênio). Substâncias básicas são aquelas que, em solução aquosa, dissociam-se em íons hidroxilas (OH^-, ânion hidroxila). Os cátions são as cargas positivas dos elementos químicos, que perdem elétrons, e os ânions são as cargas negativas, que recebem elétrons por meio de ligações iônicas. O equilíbrio ácido-base ocorre entre um ácido forte e uma base fraca ou vice-versa, ou seja, um elemento perde um íon e o outro o recebe. Portanto, para haver o equilíbrio, deve haver uma troca iônica.

Constante de equilíbrio para um ácido fraco

Quando discutimos sobre o equilíbrio de um ácido fraco (HB), consideramos a adição de água para representar a transferência do próton:

$$HB_{(aq)} + H_2O \rightleftharpoons H_3O_{(aq)} + B^-_{(aq)}$$

Como uma ionização simples:

$$HB_{(aq)} \rightleftharpoons H_{(aq)} + B_{(aq)}$$

Assim, a expressão para a constante de equilíbrio fica da seguinte forma:

$$K_a = \frac{[H^+] \cdot [B^-]}{[HB]}$$

A constante de equilíbrio K_a é chamada de *constante de acidez* do ácido fraco HB. Quanto mais fraco for o ácido, menor será o valor da constante de acidez.

É muito comum encontrarmos o valor do pH calculado para um ácido fraco como pK_a. Nesse caso, a equação fica:

$$pK_a = -\log_{10} K_a$$

Exemplo:

HNO_2 $K_a = 6,0 \cdot 10^{-4}$ $\qquad pK_a = 3,22$

HCN $K_a = 5,8 \cdot 10^{-10}$ $\qquad pK_a = 9,24$

Pelos valores de K_a, percebemos que o ácido cianídrico (HCN) é um ácido mais fraco do que o ácido nitroso (HNO_2); podemos observar também que o do ácido nítrico é mais básico do que o do ácido nitroso.

Os ácidos polipróticos contêm mais de um átomo de hidrogênio ionizável. Esses ácidos se ionizam em etapas. Por exemplo: o ácido oxálico ($H_2C_2O_4$) é diprótico, ou seja, tem dois hidrogênios ionizáveis.

$H_2C_2O_{4(aq)} \rightleftharpoons H^+_{(aq)} + HC_2O^-_{4(aq)}$ $K_{a1} = 5,9 \cdot 10^{-2}$ (reação 1)

$HC_2O^-_{4(aq)} \rightleftharpoons H^+_{(aq)} + C_2O^{2-}_{4(aq)}$ $K_{a2} = 5,2 \cdot 10^{-5}$ (reação 2)

O ácido fosfórico (H_3PO_4), por sua vez, é triprótico. O comportamento desses ácidos é poliprótico.

A constante de equilíbrio fica menor a cada etapa de ionização. Isso se deve ao fato de que a retirada do segundo hidrogênio é mais difícil que a retirada do primeiro, e assim sucessivamente (Harris, 2001; Masterton; Hurley, 2010).

$$K_{a1} > K_{a2} > K_{a3} > \text{etc.}$$

Constante de equilíbrio para uma base fraca

A constante de equilíbrio para a amônia é:

$$NH_{3(aq)} + H_2O \rightleftharpoons NH^+_{4(aq)} + OH^-_{(aq)}$$

A constante básica é escrita da mesma forma que a constante ácida, mas omitindo o termo *água*. É como se a reação ocorresse da seguinte forma:

$$NH_{3(aq)} \rightleftharpoons NH^+_{4(aq)} + OH^-_{(aq)}$$

$$K_b = \frac{[NH^+_4] \cdot [OH^-]}{[NH_3]}$$

Quanto maior for o valor de K_b, mais forte será a base. A quantidade pK_b, por sua vez, pode ser definida de forma semelhante à de pK_a (Atkins; Jones, 2012):

$$pK_b = -\log_{10} K_b$$

Quase um terço do dióxido de carbono produzido atualmente vai parar nos oceanos. Isso traz problema muito grande ao equilíbrio ambiental, pelo fato de que o dióxido de carbono, principal composto químico produzido na queima de combustíveis e responsável pelo efeito estufa, está sendo absorvido pelos mares, alterando a sua temperatura e o seu potencial hidrogeniônico (pH), o que faz aumentar a acidez dos mares. Esse desequilíbrio químico causa riscos à vida marinha e, ao longo dos anos, algumas espécies devem desaparecer. Outra grande consequência disso é que as mudanças do clima também deverão ter impacto sobre a cadeia alimentar dos oceanos.

3.7 Potencial hidrogeniônico (pH) de soluções

A medida do pH é importante no estudo de parâmetros de qualidade da água e do solo. O valor do pH do solo, por exemplo, é extremamente relevante para o plantio, pois, dependendo da safra que será plantada, esse índice deve ser corrigido. Se o pH estiver muito ácido, adiciona-se carbonato de sódio, por exemplo, para diminuir sua acidez. O contrário também pode ocorrer: no caso de o pH do solo estar muito básico, deve-se adicionar a ele enxofre elementar para corrigir a acidez, pois essa substância emite cátions hidrogênio à medida que o sulfato é oxidado pelas bactérias, acarretando, assim, a correção do pH do solo.

O pH alterado do solo deve ser corrigido principalmente na agricultura. A prática do manejo de solo e da verificação do pH compete a profissionais da área, assim como a equipes interdisciplinares que compõem estudos associados à gestão ambiental. Se, por um lado, o pH do solo estiver muito ácido, o agricultor ou o engenheiro agrônomo responsável deve deixá-lo mais alcalino, dependendo da cultura a ser plantada. Para isso, é usada a calcinação, que nada mais é do que aplicar cal (CaO) no solo para deixar o pH mais básico. Agriculturas que não se desenvolvem bem em solos muito ácidos são o feijão, o algodão e a soja, entre outros.

Por outro lado, existem agriculturas que se desenvolvem bem em solos ácidos, como é o caso da mandioca e da erva-mate. Muitas vezes, o solo tem origem ácida ou básica por natureza, dependendo da região em que está localizado. Além disso, o pH pode ter alterações por contaminações químicas oriundas de ações antrópicas, que devem ser vistoriadas pelos órgãos ambientais competentes.

O pH dos recursos hídricos também é influenciado pelas chuvas ácidas, pelas águas que provêm de origens naturais e das que são liberadas por indústrias de diferentes segmentos, entre outras fontes (Baird, 2002). A queima de combustíveis, conforme mencionamos anteriormente, pode alterar o pH dos recursos hídricos, pois lançam poluentes do ar, e essas partículas tóxicas reagem com os gases da atmosfera, formando compostos químicos responsáveis pela chuva ácida. Assim, a poluição das águas também é consequência de contaminações anteriores da atmosfera.

Em 1909, o pesquisador dinamarquês Søren Peter Lauritz Sørensen (1868-1939) propôs um método alternativo de especificar a acidez de uma solução. Ele definiu os termos potencial do íon hidrogeniônico (pH) e potencial do íon oxihidroxiliônico (pOH):

$[H^+] = [H_3O^+] = 10^{-pH}$
$pH = -\log_{10}[H^+] = -\log_{10}[H_3O^+]$
$pOH = -\log_{10}[OH^-]$

Como $[H^+] \cdot [OH^-] = 10^{-14}$ a 25 °C, segue-se que, a essa temperatura:

$$pH + pOH = 14$$

Assim, uma solução com um pH de 6,20 deve ter um pOH de 7,80, e vice-versa (Vogel et al. 2002). Na hora de escrever o índice pH de uma substância, o logaritmo da base 10 não precisa ser escrito, uma vez que entendemos que log x é o logaritmo na base 10. Na Figura B da seção "Anexo" estão apresentados alguns compostos comuns e seus valores de pH.

Como o pH de uma solução é a medida da sua concentração de cátion hidrogênio dissociado, quando há um aumento no valor do pH é sinal de que essa concentração diminuiu uma potência de 10. Além disso, quanto maior for o pH, menos ácida será a solução. A maioria das soluções aquosas tem concentrações de cátion hidrogênio entre 1 e 10^{-14} M (mol · L^{-1}), ou seja, apresentam pH entre 0 e 14 (Harris, 2001; Masterton; Hurley, 2010).

A Figura C, que consta na seção "Anexo", mostra a relação entre o pH e o cátion hidroxila.

Exercício resolvido

1. Considerando a temperatura de 25 °C, calcule:
   a) A quantidade de cátions hidrogênio (H^+) e o pH de uma amostra de água de torneira em que (OH^-) = 2,0 · 10^{-7}.
   b) A quantidade de cátions hidrogênio (H^+) e de ânions hidróxido (OH^-) do sangue humano com pH 7,40.
   c) O pOH de uma solução em que (H^+) = 5,0 · (OH^-).

Resolução

a. $[H^+] = \dfrac{1,0 \cdot 10^{-14}}{2,0 \cdot 10^{-7}} = 5,0 \cdot 10^{-8}$ M (molar) ou mol $\cdot$ L^{-1}

$pH = -\log[5,0 \cdot 10^{-8}] = 7,30$

Resposta: pH = 7,30.

b. Como o pH é 7,40, logo (H$^+$) = 10 $\cdot$ 10$^{-7,40}$. Para determinar [H$^+$], temos que calcular o inverso do logaritmo:

$$pH = -\log[H^+]$$

$-\log[H^+] = 7,40$

$\log[H^+] = -7,40$

O inverso do log na base 10 fica:

$[H^+] = 10 \cdot 10^{-7,40}$

Obtemos o valor de (H$^+$) = 4,0 $\cdot$ 10^{-8}. Com o valor de (H$^+$), podemos calcular a concentração de (OH$^-$):

$K_w = [H^+] \cdot [OH^-] = 1,0 \cdot 10^{-14}$ mol$^2 \cdot$ L^{-2}

$[OH^-] = \dfrac{K_w}{[H^+]} = \dfrac{1,0 \cdot 10^{-14}}{4,0 \cdot 10^{-8}} =$

$= 2,5 \cdot 10^{-7}$ M(molar) ou mol $\cdot$ L^{-1}

c. Substituímos (H$^+$) na equação do K_w para determinar o (OH$^-$) e depois o convertemos em pOH:

$5,0[OH^-] \cdot [OH^-] = 1,0 \cdot 10^{-14}$

$[OH^-]^2 = \dfrac{1,0 \cdot 10^{-14}}{5,0}$; $[OH^-] = 4,5 \cdot 10^{-8}$

$pOH = -\log(4,5 \cdot 10^{-8}) = 7,35$

3.8 Modelo Bronsted-Lowry

Um modelo de estudo da reação ácido-base foi apresentado pelo dinamarquês Johannes Nicolau Brønsted (1879-1947) e pelo britânico Thomas Martin Lowry (1874-1936), em 1923. Por isso, esse modelo é conhecido como Bronsted-Lowry, e está fundamentado na natureza dos ácidos e das bases e nas reações que ocorrem entre eles.

O modelo de Bronsted-Lowry considera os seguintes fatos:

- Um ácido é doador de prótons – doa cátions hidrogênio.
- Uma base é um receptor de prótons – recebe cátions hidrogênio.
- Em uma reação ácido-base, um próton é transferido de um ácido para uma base.

A reação de Bronsted-Lowry simbolicamente pode ser representada da seguinte maneira:

$$HB_{(aq)} + A^-_{(aq)} \rightleftharpoons HA_{(aq)} + B^-_{(aq)}$$

Os elementos HB e HA funcionam como ácidos de Bronsted-Lowry nas reações direta e inversa, respectivamente, enquanto os íons A^- e B^- agem como bases de Bronsted-Lowry.

Um ácido (ácido 1), ao reagir com uma base (base 2), sempre vai originar uma base fraca (base 1) e um ácido fraco (ácido 2), formando pares de ácido e base conjugados.

No caso do ácido clorídrico (HCl), sua base conjugada será o íon de cloreto (Cl^-). Exemplo:

$$\underset{\text{ácido 1}}{HCl} + \underset{\text{base 2}}{H_2O} \rightleftharpoons \underset{\text{ácido 2}}{2\,H_3O^-_{(aq)}} + \underset{\text{base 1}}{Cl^-_{(aq)}}$$

Nesse exemplo, o ácido clorídrico (HCl) é monoprótico, ou seja, é um ácido que em meio aquoso libera apenas um cátion hidrogênio. Já o ácido sulfúrico (H_2SO_4) é diprótico, pois, em meio aquoso, pode liberar dois cátions de hidrogênio, porque tem em sua estrutura dois átomos de hidrogênio. Entretanto, essa regra não é válida para todos os ácidos. Existem hidrogênios não ionizáveis, como no caso do ácido hipofosfito (H_3PO_2), que, mesmo sendo triprótico, apresenta três átomos de hidrogênio em sua estrutura, porém somente dois deles são ionizáveis.

A ionização muitas vezes é incompleta, devido ao fato de que, para remover o segundo átomo de hidrogênio, é necessária mais energia que para remover o primeiro, ou seja, a cada átomo de hidrogênio removido, a dificuldade de se retirar outro fica maior (Masterton; Hurley, 2010).

Exemplo da reação de ionização do ácido sulfúrico:

$H_2SO_4 + H_2O \rightleftharpoons H_3O^+_{(aq)} + HSO_{4(aq)}^-$ (reação 1)

$HSO_{4(aq)}^- + H_2O \rightleftharpoons H_3O^+_{(aq)} + SO_{4(aq)}^{2-}$ (reação 2)

$H_2SO_4 + 2H_2O \rightleftharpoons 2H_3O^+_{(aq)} + SO_{4(aq)}^{2-}$ (reação global)

A acidez e a basicidade das soluções aquosas dependem de um equilíbrio que envolve o solvente, ou seja, a água – como solvente universal, a água é utilizada na maioria das soluções, mas há exceções. A reação de Bronsted-Lowry para a água é a seguinte:

$H_2O + H_2O \rightleftharpoons H_3O^+_{(aq)} + OH^-_{(aq)}$

Ou, de forma mais simples, podemos escrevê-la como:

$H_2O \rightleftharpoons H^+_{(aq)} + OH^-_{(aq)}$

Aplicando a fórmula da constante de ionização (K_i), temos:

$$K_i = \frac{[H^+] \cdot [OH^-]}{[H_2O]}$$

Esse é o cálculo de quanto a água se dissocia em cátions hidrogênio (H^+) e em ânions hidroxila (OH^-).

A constante de dissociação da água pode ser escrita como:

$$K_w = K_i \cdot [H_2O]$$

Reescrevendo essa equação, obtemos:

$$K_w = [H^+] \cdot [OH^-]$$

Vimos anteriormente que a concentração molar tem a unidade de $mol \cdot L^{-1}$. No caso de K_w, sua unidade é $mol^2 \cdot L^{-2}$ (Atkins; De Paula, 2012).

Por meio da condutividade elétrica da água (que é muitíssimo baixa), foi determinado o produto das concentrações molares dos dois íons, que vale:

$$K_w = [H^+] \cdot [OH^-] = 1,0 \cdot 10^{-14} \, mol^2 \cdot L^{-2} \text{ (a 25 °C)}$$

Esse valor recebe o nome de *produto iônico da água*, na temperatura de 25 °C.

Vejamos o que acontece em diferentes meios:

- Meio neutro – Água pura ou solução de cloreto de sódio (NaCl).

    Nesse caso, as duas concentrações são iguais:

    $$[H^+] = [OH^-] = x$$

    Então:

    $[H^+] \cdot [OH^-] = 10^{-14} \rightarrow x^2 = 10^{-14} \rightarrow x = 10^{-7} \rightarrow$

    $\rightarrow [H^+] = [OH^-] = 10^{-7} \, mol \cdot L^{-1}$

    Um exemplo de meio neutro é o pH do nosso sangue, que é muito próximo de 7,0, o que garante que nosso metabolismo opere normalmente.

- Meio ácido – Solução de ácido sulfúrico (H_2SO_4) ou de cloreto de amônio (NH_4Cl).

Nesse meio, a concentração dos cátions hidrogênio é superior à dos ânions hidróxido:

$$[H^+] > [OH^-]$$

Exemplo:

$$[H^+] = 10^{-6} \text{ e } [OH^-] = 10^{-8}$$

Note que o produto deve sempre ter como resultado 10^{-14}. Dessa forma, generalizando, temos:

$$[H^+] > 10^{-7} \text{ e } [OH^-] < 10^{-7}$$

Um exemplo de um produto do nosso dia a dia que tem ph ácido é o ácido acético, conhecido como *vinagre*, que consumimos em saladas. Seu pH gira em torno de 4,2, ou seja, abaixo de 7,0, que é o pH neutro. Outros alimentos com pH ácido que podemos citar são a laranja e o limão, entre outras frutas ácidas.

- Meio básico – Solução de hidróxido de sódio (NaOH). Nesse caso, temos:

$$[OH^-] > [H^+]$$

Exemplo:

$$[OH^-] = 10^{-4} \text{ e } [H^+] = 10^{-10}$$

Generalizando a fórmula, temos:

$$[H^+] < 10^{-7} \text{ e } [OH^-] > 10^{-7}$$

O meio básico também está presente em nosso cotidiano. Um medicamento muito utilizado por quem está com mal-estar no estômago é o leite de magnésia, que tem pH básico, próximo de 10,5, ou seja, acima de 7,0. Outros exemplos são a banana e o caqui, que deixam na boca uma sensação ruim quando ainda estão verdes, pois, nessa fase, o pH dessas frutas é muito básico.

3.9 Atividade iônica

A atividade iônica é a concentração real dos íons dissociados em uma solução e é denominada também de *concentração analítica*, pois representa a quantidade efetiva do composto encontrada após a análise da solução. Em outras palavras, ela retrata a medida real em número de mols por volume de um soluto presente na solução após a dissociação dos reagentes.

Frequentemente, preparamos soluções em laboratório com concentrações preestabelecidas e calculadas, mas, quando realizamos uma análise laboratorial, seja por titulação, seja por uma maneira mais sofisticada, como uma cromatografia – que é realizada por um equipamento capaz de quantificar e qualificar os íons e as concentrações dos compostos presentes –, podemos usar o conceito de *atividade*.

As leis do equilíbrio e a lei da ação das massas podem ser correlacionadas com a composição química de uma mistura em equilíbrio, ou seja, as quantidades estequiométricas que estão reagindo. A quantidade estequiométrica ocorre na reação balanceada, pois é a quantidade de reagentes e de produtos que entram na reação e saem dela. Por exemplo:

$$2A + 3B \rightarrow 4C$$

Essa reação mostra que há 2 mols do reagente A misturados a 3 mols do reagente B para formar 4 mols do produto C. Isso significa que a reação é estequiométrica. Utilizamos os coeficientes estequiométricos da reação para calcular a formação dos produtos a partir dos reagentes.

Vejamos o exemplo a seguir:

$$AB \rightleftharpoons A^+ + B^-$$

Nessa reação, a equação para a constante de equilíbrio em função da atividade dos componentes fica:

$$K_t = \frac{a_A^+ \cdot a_B^-}{a_{AB}}$$

Em que a_A^+, a_B^- e a_{AB} representam as **atividades** de A^+, B^- e AB, respectivamente, que são as concentrações reais dos íons após sua dissociação (em mol · L^{-1}). A **constante de dissociação** (K_t) é o valor real calculado e analisado com base nas atividades dos compostos (Vogel et al., 2002).

O conceito de atividade é relacionado à concentração por um fator chamado de *coeficiente de atividade*:

atividade = concentração x coeficiente de atividade

E, para qualquer concentração, obtemos:

$$a_A^+ = \gamma_A^+ \cdot [A^+] \quad a_B^- = \gamma_B^- \cdot [B^-] \quad a_{AB} = \gamma_B^- \cdot [B^-]$$

Em que significa os coeficientes de atividade e os colchetes fechados, as concentrações dos respectivos compostos.

Substituindo essa expressão na equação da constante de equilíbrio anterior, obtemos:

$$K_t = \frac{\gamma_A^+ \cdot [A^+] \cdot \gamma_B^- \cdot [B^-]}{\gamma_B^- \cdot [B^-]}$$

O coeficiente de atividade varia diretamente com a concentração. Essa variação ocorre para todas as soluções de mesma **força iônica**.

A força iônica é uma medida de campo elétrico que existe na solução dissociada, pois, para que haja condução de força iônica, deve existir a presença de íons de carga diferente, que é representada pelo símbolo **I** e é definida como a metade da soma dos produtos da concentração de cada íon multiplicado pelo quadrado da sua carga.

A força iônica, então, é calculada como:

$$I = \frac{1}{2}\sum c_i \cdot z_i^2$$

Em que c_i é a concentração iônica em mols por litro de solução e z_i é a carga do íon.

No meio ambiente, por exemplo, é possível considerar a presença dessa força iônica para avaliar o solo. Se ele estiver com uma toxidade muito alta para as plantas, uma forma de diminuir esse fator é a inserção de íons que fazem a força iônica do solo aumentar. Quanto maior for a força iônica, menor será o coeficiente de atividade e, portanto, menor será a atividade dos elementos tóxicos no solo, diminuindo os riscos e os danos às plantas.

Podemos agir da mesma forma em relação ao tratamento dos recursos hídricos. Se a água a ser tratada estiver com uma toxicidade muito alta, é possível adicionar íons apropriados à água e, assim, aumentar a força iônica, causando a diminuição da atividade dos compostos (Skoog et al., 2010).

Exercícios resolvidos

1. A massa de uma solução é de 86,4 g. Calcule o volume, em litros, dessa solução, que apresenta uma densidade absoluta de 2,7 g/cm³.

Resolução

$$d = \frac{m}{V}; V = \frac{m}{d}; V = \frac{86,4\,g}{2,7\,\frac{g}{cm^3}} = 32\ cm^3$$

$$V = 32\ cm^3 \cdot \frac{1\,L}{1\,000\ cm^3} = 0,032\ L$$

Resposta: 32 cm³ = 0,032 L

2. Calcule a concentração comum de uma solução que apresenta volume de 800 cm³ e contém 20 g de soluto.

Resolução

$$C = \frac{m}{V} = \frac{20\ g}{800\ cm^3} = 0,025\ g/cm^3$$

Resposta: 0,025 g/cm³

3. São dissolvidos 23,4 g de cloreto de sódio (NaCl) em uma quantidade de água suficiente para 2000 cm³ de solução. Descubra a molaridade dessa solução.

Resolução

Cálculo do número de mols:

$$n = \frac{m}{MM} = \frac{23,4\ g}{58,44\ g/mol} = 0,40\ mols$$

Cálculo da molaridade:

$$M = \frac{n}{V} = \frac{0,40\ mol}{2000\ cm^3} = 2,002 \cdot 10^{-4}\ mol/cm^3$$

Resposta: $2,002 \cdot 10^{-4}$ mol/cm³

4. Calcule a concentração molal de uma solução preparada pela dissolução de 1,7 g de sulfeto de hidrogênio (H_2S) em 800 g de água.

Resolução

Cálculo do número de mols:

$$n = \frac{m}{MM} = \frac{1,7\ g}{34\ g/mol} = 0,05\ mols$$

Cálculo da concentração molal:

$$W = \frac{n_1}{m_2(kg)} = \frac{0,05\ mols}{800\ g} = 0,0000625\ mol/g$$

Resposta: 0,0000625 mol/g

5. Prepara-se uma solução dissolvendo-se 34 g de nitrato de prata ($AgNO_3$) em 250 g de água. Qual é a molalidade dessa solução?

Resolução

Cálculo do número de mols:

$$n = \frac{m}{MM} = \frac{34 \text{ g}}{169,9 \text{ g/mol}} = 0,20 \text{ mols}$$

Cálculo da molalidade:

$$W = \frac{n_1}{m_2(kg)} = \frac{0,20 \text{ mols}}{250 \text{ g}} = 8,005 \cdot 10^{-4} \text{ mol/g}$$

Resposta: $8,005 \cdot 10^{-4}$ mol/g

3.10 Ligas metálicas

No nosso dia a dia, são raros os metais empregados em sua constituição pura. Temos como exemplos de uso de metais puros o alumínio e o cobre, este usado com alto teor de pureza, especialmente como condutor elétrico.

A maioria dos metais é empregada em forma de ligas, nas quais também podem ser utilizados outros materiais (não metais), como é o caso do carbono, que compõe de 0,5 a 1,7% da liga de aço, junto com o ferro.

As ligas apresentam propriedades diferentes dos metais que as constituem. Assim, os aços especiais têm resistência à corrosão muito superior à dos metais que o constituem. Muitas ligas de aço contêm cromo, níquel, cobre e manganês, de acordo com a finalidade para a qual são empregadas.

Os amálgamas, por sua vez, são misturas de metais com mercúrio e podem ser fabricados com quase todos os metais (com exceção do ferro e da platina).

O processo de amalgamação é usado para a extração de metais de certos minérios, como é o caso do ouro, muitas vezes disperso na rocha. Como a recuperação do ouro no garimpo brasileiro é feita por aquecimento do amálgama a céu aberto, é frequente a contaminação por mercúrio das nossas florestas e dos trabalhadores, que têm sua saúde seriamente abalada pela aspiração dos vapores desse metal.

A reatividade de um metal pode ser reduzida pela amalgamação. Esse processo é utilizado, por exemplo, em amálgamas de prata utilizadas em procedimentos odontológicos, para diminuir os prejuízos que a prata pode causar ao organismo devido a sua reatividade. Nas joias, é frequente o uso de ligas metálicas. Nas peças de ouro, esse metal aparece muitas vezes misturado com cobre ou prata.

No Quadro 3.5, apresentamos algumas aplicações de determinadas ligas metálicas.

Quadro 3.5 – Ligas metálicas e suas aplicações

Liga	Metais utilizados em sua composição	Aplicações comuns
Bronze (com aproximadamente 90% de cobre)	Estanho (Sn): 10%	Engrenagens, cunhagem de moedas, canhões
	Alumínio (Al): 10%	Equipamentos expostos a líquidos reativos, como cascos de navios

(continua)

(Quadro 3.5 – conclusão)

Liga	Metais utilizados em sua composição	Aplicações comuns
Ouro (varia de acordo com o número de quilates*)	Ouro (Au), cobre (Cu) ou prata (Ag)	Joalheria, odontologia
Amálgama dentária	Mercúrio (Hg), prata (Ag), estanho (Sn), zinco (Zn), cobre (Cu)	Obturações dentárias
Latão	Cobre (Cu): 67%; Zinco (Zn): 33%	Tubos, arruelas, maquinaria, objetos de adorno
Níquel-Cromo	Níquel (Ni), cromo (Cr), ferro (Fe)	Resistores elétricos

Fonte: Elaborado com base em Fogaça, 2017b.

*O número de quilates indica quantas partes de ouro há em um total de 24 partes. Assim, o ouro 24 quilates é o ouro puro. O ouro 18 quilates tem 18 partes de ouro e 6 de cobre ou prata.

3.11 Chuva ácida

Os impactos das ações humanas no meio ambiente afetam a vida e o futuro do planeta. Um deles, em especial, é a chuva ácida, cujo efeito sobre a biodiversidade é extremamente prejudicial. Os principais componentes da chuva ácida são os ácidos nítrico (HNO_3) e sulfúrico (H_2SO_4), e suas reações serão mais bem explicadas no decorrer do texto.

As moléculas desses ácidos formam ligações e interagem fortemente umas com as outras e com as moléculas de óxidos metálicos, de gases da atmosfera e da água, para formar novas partículas. Essas partículas são altamente tóxicas e representam uma séria ameaça à vida animal. As plantações também são afetadas pela toxicidade da chuva ácida, e muitos vegetais estão se adaptando às novas condições climáticas. Algumas plantações que são cultivadas em solos pobres de nutrientes, secos e com pouco nitrogênio, estão sendo estudadas por cientistas a fim de aproveitar a sua genética e cultivar espécies mais resistentes como alternativas para a alimentação mundial (Atkins; Jones, 2012).

Um exemplo de alteração no solo provocado pela chuva ácida é o efeito do ácido nítrico que se deposita na forma de nitratos para fertilizar a terra. No entanto, esses nitratos ajudam a germinar rapidamente as ervas daninhas. Essas plantas indesejáveis tomam o lugar de outras que apresentam valor nutricional e que deveriam ser cultivadas nesses locais. Com o tempo, devido à infestação dessas pragas, pode-se perder o material genético de plantas que são importantes para a alimentação humana.

A chuva ácida é um fenômeno regional, pois depende de muitos fatores locais, como a industrialização. Ou seja, depende de quanto uma cidade é responsável por emissões gasosas com partículas tóxicas passíveis de reagir com os gases da atmosfera. Na Figura 3.10, é apresentado um mapa mundial com os países que apresentam maior risco em suas plantações por conta da chuva ácida. As cores indicam diferentes valores de pH das chuvas que atingem as áreas marcadas. Podemos perceber que a chuva ácida ocorre em cidades mais populosas e com atividades industrial e urbana maiores. As cidades com maior poluição do ar são aquelas que têm maior densidade demográfica.

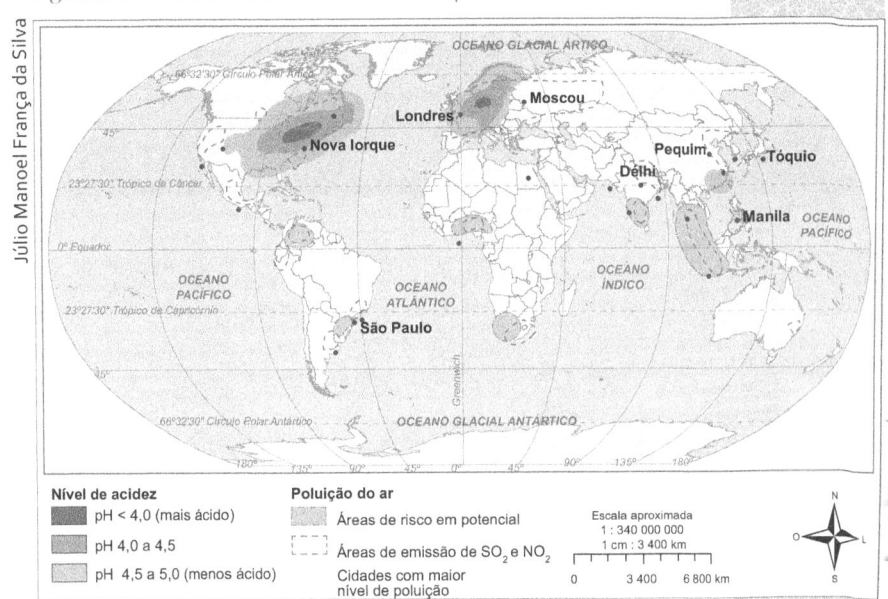

Figura 3.10 – Incidência de chuva ácida no planeta

Nível de acidez
- pH < 4,0 (mais ácido)
- pH 4,0 a 4,5
- pH 4,5 a 5,0 (menos ácido)

Poluição do ar
- Áreas de risco em potencial
- Áreas de emissão de SO_2 e NO_2
- Cidades com maior nível de poluição

Escala aproximada
1 : 340 000 000
1 cm : 3 400 km
0   3 400   6 800 km

Fonte: Elaborado com base em Fontanailles, 2012.

O dióxido de enxofre produzido pela queima de combustíveis fósseis pode combinar-se diretamente com a água para formar ácido sulfuroso (H_2SO_3), um ácido fraco, mas, se for combinado novamente com a água presente na atmosfera, forma o ácido sulfúrico e o gás hidrogênio (H_2) (Shriver; Atkins, 2008), como demonstramos a seguir:

$SO_{2(g)} + H_2O_{(l)} \rightarrow H_2SO_{3(g)}$
$H_2SO_3 + H_2O \rightarrow H_2SO_4 + H_2$

Como funciona o conversor catalítico de um automóvel

Em automóveis, é empregado um conversor catalítico para transformar gases poluentes liberados na combustão dos combustíveis em gases não tóxicos.

Figura 3.11 – Funcionamento do catalisador nos automóveis

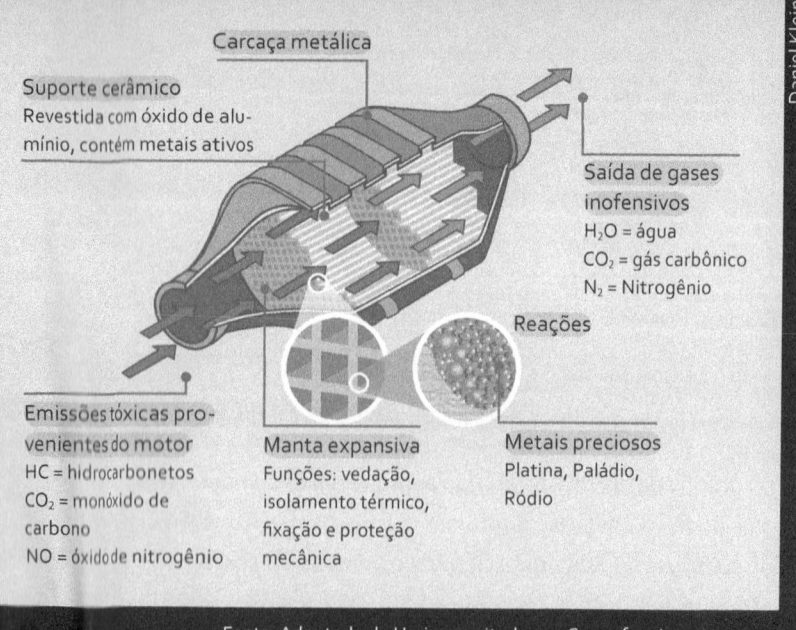

Carcaça metálica

Suporte cerâmico
Revestida com óxido de alumínio, contém metais ativos

Saída de gases inofensivos
H_2O = água
CO_2 = gás carbônico
N_2 = Nitrogênio

Reações

Emissões tóxicas provenientes do motor
HC = hidrocarbonetos
CO_2 = monóxido de carbono
NO = óxido de nitrogênio

Manta expansiva
Funções: vedação, isolamento térmico, fixação e proteção mecânica

Metais preciosos
Platina, Paládio, Ródio

Daniel Klein

Fonte: Adaptado de Umicore, citado por Como funcionam..., 2012.

Existem conversores catalíticos que podem ser usados nos automóveis para reduzir o óxido nítrico (NO), que participa das reações que formam a chuva ácida, a gás nitrogênio (N_2), inofensivo ao meio ambiente, pois é um gás que já está presente na composição da atmosfera. A seguir, descrevemos as reações que envolvem o óxido nítrico na formação da chuva ácida.

Primeiramente, o óxido nítrico reage com o oxigênio presente no ar:

$$2NO + O_2 \rightarrow 2NO_2$$

Posteriormente, o óxido nítrico se combina com moléculas de água (H_2O), originando o ácido nitroso (HNO_2) e o ácido nítrico (HNO_3).

$$2NO_2 + H_2O \rightarrow HNO_2 + HNO_3$$

E, finalmente, o ácido nitroso reage novamente com o oxigênio presente na atmosfera, transformando-se todo em ácido nítrico, que é forte e altamente corrosivo:

$$2HNO_2 + O_2 \rightarrow 2HNO_3$$

Figura 3.12 – Localização do conversor catalítico no veículo

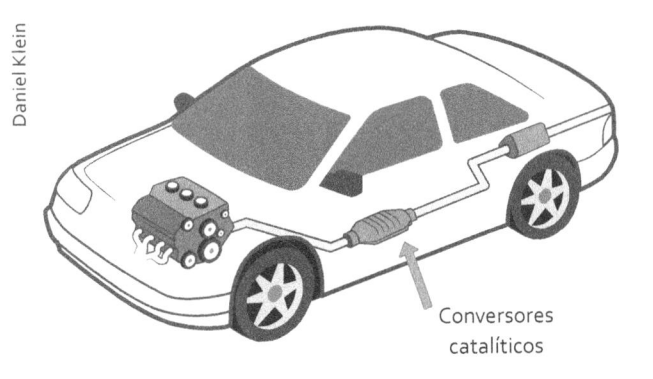

Conversores catalíticos

Fonte: Adaptado de Conversor..., 2017.

A chuva que não é afetada pelas atividades humanas contém principalmente ácidos fracos e tem pH 5,7. Essa chuva, comumente, apresenta ácido carbônico (H_2CO_3), formado quando o dióxido de carbono da atmosfera se dissolve na água.

Os principais poluentes da chuva ácida são ácidos fortes como o ácido nítrico (HNO_3), proveniente do óxido de nitrogênio (NO), e o ácido sulfúrico (H_2SO_4), obtido do óxido de enxofre (SO) ou do dióxido de enxofre (SO_2). O nitrogênio e o oxigênio da atmosfera reagem naturalmente para formar óxido de nitrogênio, mas a reação requer alta energia, pois é endotérmica, ou seja, não é espontânea em baixas temperaturas. Assim, o óxido de nitrogênio é formado em temperaturas elevadas que fornecem a energia necessária para que a reação ocorra, como nos motores de combustão interna dos automóveis e nas centrais elétricas:

$$N_{2(g)} + O_{2(g)} \rightleftharpoons 2NO_{(g)}$$

O óxido nítrico não é muito solúvel em água, mas pode ser oxidado no ar para formar dióxido de nitrogênio:

$$2NO_{(g)} + O_{2(g)} \rightarrow 2NO_{2(g)}$$

O dióxido de nitrogênio, por sua vez, reage com a água, formando ácido nítrico (HNO_3), que está dissociado em meio aquoso:

$$2H_3O^+_{(aq)} + 2NO^-_{3(aq)}$$

e óxido nítrico (NO):

$$3NO_{2(g)} + 3H_2O_{(l)} \rightarrow 2H_3O^+_{(aq)} + 2NO^-_{3(aq)} + NO_{(g)}$$

Os gases que produzem a chuva ácida também são responsáveis pelo aquecimento global e pelo efeito estufa. Uma forma de diminuir as emissões desses gases é diminuir o uso de automóveis e substituí-los por transportes alternativos, como as bicicletas ou os transportes públicos, quando possível (Atkins; Jones, 2012; Baird, 2002).

Assim, para evitar a formação da chuva ácida, o gestor ambiental ou o especialista em meio ambiente devem conhecer as reações químicas que ocorrem na atmosfera causadas pelas emissões de partículas poluentes ou de gases tóxicos que reagem com o oxigênio ou com a água presente no ar.

Síntese

Neste capítulo, discutimos conceitos muito importantes relacionados à química ambiental, envolvendo soluções, ácidos, bases, pH e equilíbrios iônico e químico, entre outros. Verificamos que existem duas teorias aceitas para explicar os ácidos e as bases, que são a de Arrhenius e a de Bronsted-Lowry. Ambas apresentam a mesma condição de equilíbrio, que é expressa pela lei da conservação das massas e pelo cálculo da constante de dissociação de ácidos e bases. Por essas fórmulas, verificamos que a presença de uma concentração de um íon (ácido ou básico) permite-nos realizar estudos sobre o pH e a concentração de soluções, entre outros parâmetros físico-químicos, que dão suporte a análises em diversas áreas do conhecimento, principalmente a ambiental.

Em nosso texto, destacamos os cálculos dos tipos de concentração, que são capazes de indicar a real quantidade de cada reagente envolvido nos compostos químicos, e que servem também para esclarecer quais substâncias devem ser adicionadas aos recursos naturais para a obtenção de um pH equilibrado.

Por fim, observamos que o conhecimento de química é muito importante para todas as pessoas, sejam donas de casa, sejam administradores, sejam engenheiros, pois a responsabilidade ambiental – e social – é de todos.

Questões para revisão

1. (Adaptada de Copese – 2011 – UFJF) Os ácidos são compostos extremamente importantes na indústria química. Entre os mais relevantes está o ácido fosfórico, H_3PO_4, principal ácido de fósforo existente, cujas aplicações se fazem desde a indústria de fertilizantes até a indústria farmacêutica. Explique, de acordo com as teorias ácido-base, por que o H_3PO_4 é um ácido de Arrhenius.

2. Em São Paulo, na região do ABC Paulista, há emissões de poluentes devido à grande frota de veículos e ao fato de o ABC ser uma área industrial. Os órgãos ambientais competentes mediram a concentração de cátions hidrogênio da chuva que cai nesse local e obtiveram $5,0 \cdot 10^{-4}$ mol $\cdot L^{-1}$; agora, eles gostariam de saber se essa chuva pode ser considerada ácida. Calcule o pH da chuva e explique se ela pode ser considerada ácida.

3. (Inep – 2012 – Enem) Uma dona de casa acidentalmente deixou cair na geladeira a água proveniente do degelo de um peixe, o que deixou um cheiro forte e desagradável dentro do eletrodoméstico. Sabe-se que o odor característico de peixe se deve às aminas e que esses compostos se comportam como bases. Na tabela são listadas as concentrações hidrogeniônicas de alguns materiais encontrados na cozinha, que a dona de casa pensa em utilizar na limpeza da geladeira.

Material	Concentração de H_3O^+ (mol/L)
Suco de limão	10^{-2}
Leite	10^{-6}
Vinagre	10^{-3}
Álcool	10^{-8}
Sabão	10^{-12}
Carbonato de sódio / barrilha	10^{-12}

Dentre os materiais listados, quais são apropriados para amenizar esse odor?

a) Álcool ou sabão.
b) Suco de limão ou álcool.
c) Suco de limão ou vinagre.
d) Suco de limão, leite ou sabão.
e) Sabão ou carbonato de sódio/barrilha.

4. Uma solução aquosa saturada de gás carbônico ($CO_2 + H_2O \rightarrow H_2CO_3$), a 25 °C, apresenta as seguintes características:

a) pH > 7 e não condutora de corrente elétrica.
b) pH < 7 e não condutora de corrente elétrica.
c) pH = 7 e não condutora de corrente elétrica.
d) pH > 7 e condutora de corrente elétrica.
e) pH < 7 e condutora de corrente elétrica.

5. (BIOMEDLP) A 25 °C, o pH de uma solução aquosa de um certo eletrólito é igual a 14. Qual é a concentração de ânions hidroxila (OH^-) dessa solução? Considere: $pH = -\log(H^+)$.

a) 1 mol/L
b) 7 mols/L
c) 14 mols/L
d) 10^{-7} mol/L
e) 10^{-14} mol/L

Questões para reflexão

1. "Duas soluções aquosas de hidróxido de amônio apresentam, respectivamente, pH = 10 e pH = 11. Em qual das soluções o hidróxido de amônio encontra-se mais dissociado? Justifique qualitativamente" (Peruzzo; Canto, 2003, p. 261).

2. As aftas que se formam na mucosa bucal muitas vezes são tratadas com bicarbonato de sódio ($NaHCO_3$). Qual a explicação para isso?

Para saber mais

CHANG, R. Chemistry. 9. ed. New York: McGraw-Hill Science, 2006.

Raymond Chang apresenta um estudo de química que correlaciona a teoria e a sua aplicação prática, incorporando exemplos reais e ajudando os alunos a visualizar as estruturas tridimensionais atômicas e moleculares que são a base da atividade química. Um dos objetivos do texto é desenvolver as habilidades de resolução de problemas e o pensamento crítico dos alunos.

DIAMANTINO, F. T. et al. Química básica experimental. 4. ed. São Paulo: Ícone, 1996.

Essa obra traz explicações práticas de conceitos para aplicação em laboratório, e é uma ótima literatura para estudantes que desejam aprofundar-se nos fundamentos da química geral. Os autores propõem cálculos e exercícios para solidificar o conhecimento sobre os temas tratados.

EBBING, D. D.; GAMMON, S. D. General Chemistry. 10. ed. New York: Brooks Cole, 2012.

Conhecido por sua abordagem cuidadosamente desenvolvida e integrada, esse livro mostra passo a passo a resolução de problemas de química geral. O texto ajuda os leitores a dominar as habilidades quantitativas e a construir uma compreensão duradoura sobreos conceitos químicos fundamentais.

4

Interação e equilíbrio químico no ambiente

Conteúdos do capítulo:
- Reações químicas no meio ambiente.
- Alcalinização e acidificação.
- Solubilidade, complexação e precipitação.
- Reações de redox e de oxirredução.

Após o estudo deste capítulo, você será capaz de:
1. distinguir reações ácidas de reações básicas;
2. identificar reações que envolvem sólidos precipitados em rejeitos hídricos;
3. desenvolver tratamentos de resíduos pela complexação;
4. equacionar e balancear reações de oxirredução;
5. diferenciar *agente redutor* de *agente oxidante*;
6. compreender o funcionamento da pilha de eletrólise;
7. reconhecer reações de oxirredução que ocorrem no dia a dia.

A natureza apresenta-se em equilíbrio dinâmico, e as reações químicas têm papel preponderante nesse cenário. Para que você possa entender como funciona o equilíbrio químico da natureza, é preciso considerar que existem velocidades distintas entre as reações, as quais podem ser de dois tipos:

1. Reversíveis – Ocorrem nos dois sentidos: direto e indireto.
2. Irreversíveis – Ocorrem somente em um sentido: direto ou indireto.

Ambas devem igualar-se para que haja um equilíbrio dinâmico, resultando em concentrações constantes entre reagentes e produtos.

Numa reação, inicialmente, as concentrações dos reagentes A e B são máximas, bem como a velocidade da reação direta (v_1). Porém, com o passar do tempo, A e B vão sendo consumidos e suas concentrações diminuem e formam os produtos C e D. Com isso, aumenta a velocidade da reação inversa (v_2), que ocorre até as concentrações tornarem-se constantes e as velocidades v_1 e v_2 se igualarem, como podemos observar no Gráfico 4.1.

Gráfico 4.1 – Velocidade das reações

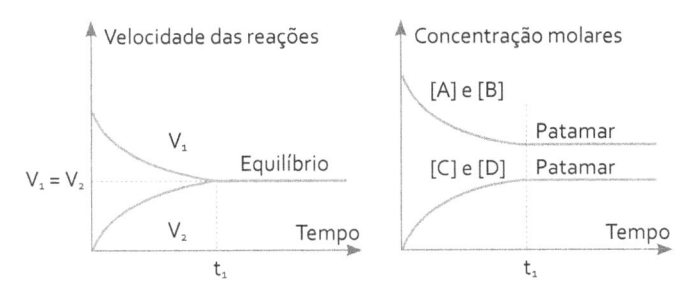

Fonte: Elaborado com base em Roberts, 2010; Schmal, 2013.

Compreendendo o equilíbrio das reações, podemos agora relacioná-lo ao meio ambiente. Neste capítulo, vamos demonstrar que uma natureza equilibrada significa que os recursos necessários para a existência de todos seres vivos são mantidos mesmo com o desenvolvimento da sociedade humana (Middlecamp et al., 2016).

4.1 Reações químicas inorgânicas

Vimos no Capítulo 3 que as reações ácido-básicas são comuns em nosso cotidiano. Uma reação que envolve uma base muito forte é a soda (hidróxido de sódio), que, em quantidade muito alta – presente, por exemplo, no hipoclorito –, pode causar sérias queimaduras. Um exemplo de ácido que usamos todos os dias, conforme já mencionamos, é o ácido acético, conhecido popularmente como *vinagre*. É importante conhecermos algumas propriedades dessas substâncias principalmente para a nossa segurança.

4.1.1 Ácidos

Na Seção 3.6, apresentamos os ácidos conforme a definição do químico sueco Svante August Arrhenius (1859-1927), feita em 1884. Agora, vamos estudá-la com mais detalhes.

Definição de Arrhenius (1884) para ácidos

Além da definição que vimos na Seção 3.6, Arrhenius também define os ácidos como compostos moleculares hidrogenados que, em solução aquosa, produzem cátion hidroxônio (H_3O^+).

Na dissolução do ácido clorídrico (HCl) em água, ocorre uma reação química chamada de *ionização*.

$$HCl_{(g)} + H_2O_{(l)} \rightarrow H_3O^+_{(aq)} + Cl^-_{(aq)}$$

Em que o $H_3O^+_{(aq)}$ é o cátion hidroxônio e o $Cl^-_{(aq)}$ é o ânion cloreto.

Para simplificar essa importante equação de ionização, costuma-se omitir o cátion hidroxônio (H_3O^+), colocando, em seu lugar, o cátion hidrogênio:

$$HCl_{(g)} \xrightarrow{\text{água}} H^+_{(aq)} + Cl^-_{(aq)}$$

Para reforçar esse conceito, vejamos a ionização do ácido nítrico (HNO_3):

$$HNO_{3(l)} \xrightarrow{\text{água}} H^+_{(aq)} + NO^-_{3(aq)}$$

No tratamento de efluentes de empresas de tintas, por exemplo, primeiramente o resíduo deve seguir para uma estação de tratamento de efluentes; nessa estação, a mistura deve ser homogeneizada e neutralizada. Se o resíduo estiver muito ácido, deve ser adicionado a ele um reagente alcalino para baixar a acidez – uma base cuja reação não produza gases tóxicos. Por isso, é muito importante que o responsável pelo descarte de resíduos no meio ambiente tenha conhecimento das reações ácidas e básicas para definir qual álcali (substância com características básicas) deve ser adicionado para neutralizar o potencial hidrogeniônico (pH) do sistema. Há compostos que podem liberar gases tóxicos ou calor quando entram em contato.

Exercícios resolvidos

1. Equacione as reações demonstrando a formação de cátion hidroxônio (H_3O^+) nas ionizações dos seguintes ácidos:
   a) Ácido cianídrico (HCN).
   b) Ácido sulfuroso (H_2SO_3): apresente as etapas da reação e a equação final.
   c) Ácido bórico (H_3BO_3): apresente somente a equação final.

Resolução

a) $HCN + H_2O \rightarrow H_3O^+ + CN^-$

b) $H_2SO_3 + H_2O \rightarrow HSO_3^- + H_3O^+$
   $\underline{HSO_3^- + H_2O \rightarrow SO_3^{2-} + H_3O^+}$
   $H_2SO_3 + 2H_2O \rightarrow SO_3^{2-} + 2H_3O^+$

c) $H_3BO_3 + 3H_2O \rightarrow BO_3^{3-} + 3H_3O^+$

2. Equacione, de forma simplificada – com formação de cátion de hidrogênio (H^+) –, as ionizações dos seguintes ácidos:
   a) Ácido nitroso (HNO_2).
   b) Ácido sulfídrico (H_2S): apresente as etapas da reação e a equação final.
   c) Ácido bórico (H_3BO_3): apresenta somente a equação final.

Resolução

a) $HNO_2 \rightarrow H^+ + NO_2^-$

b) $H_2S \rightarrow H^+ + HS^-$
$\underline{HS^- \rightarrow H^+ + S^{2-}}$
$H_2S \rightarrow 2H^+ + S^{2-}$

c) $H_3BO_3 \rightarrow 3H^+ + BO_3^{3-}$

Grau de ionização de um ácido

O grau de ionização (α) de um ácido é a relação entre o número de moléculas ionizadas e o número total de moléculas inicialmente dissolvidas (em porcentagem):

$$\alpha = \frac{\text{número de moléculas ionizadas}}{\text{número de moléculas inicialmente dissolvidas}} \cdot 100\%$$

O grau de ionização dos ácidos nítrico (HNO_3) e nitroso (HNO_2) é:

$$\alpha_{HNO_3} = \frac{90}{100} \cdot 100\% = 90\% \text{ e } \alpha_{HNO_2} = \frac{8}{100} \cdot 100\% = 8\%$$

Força ácida

A força de um ácido está relacionada à facilidade com que ele se ioniza, e, portanto, à quantidade de cátions hidroxônio (H_3O^+) – ou hidrogênio (H^+) – produzidos na reação com a água. Consequentemente, a força de um ácido é proporcional ao seu grau de ionização.

O grau de ionização (que significa o quanto do ácido está dissociado no solvente) é determinado experimentalmente. Por convenção, ficou estabelecido por Arrhenius que um ácido é:

- Forte – Apresenta α > 50%. Exemplos: ácido iodídrico (HI), ácido sulfúrico (H_2SO_4), ácido nítrico (HNO_3), ácido clorídrico (HCl).
- Semiforte ou moderado – Apresenta 5% ≤ α ≤ 50%. Exemplos: ácido fosfórico (H_3PO_4), ácido fluorídrico (HF), ácido nitroso (HNO_2) etc.
- Fraco – Apresenta α < 5%. Exemplos: ácido cianídrico (HCN), ácido sulfídrico (H_2S), ácido acético (CH_3COOH).

Bases

Assim como no caso dos ácidos, as bases foram definidas por Arrhenius.

Definição de Arrhenius (1884) para bases

Bases são compostos iônicos que, em solução aquosa, liberam ânion hidroxila (OH^-).

Uma base muito usada em nosso cotidiano é o hidróxido de sódio, conhecido como *soda cáustica*. Esse hidróxido tem a fórmula bruta NaOH. A ligação entre o sódio (metal) e o oxigênio (não metal) é iônica:

$$[Na]^+[O-H]^-$$

Em meio aquoso, assim como os ácidos, as bases se dissociam da seguinte forma:

$$NaOH \text{ (hidróxido de sódio)} \xrightarrow{\text{água}} Na^+ + OH^- \text{ (ânion hidróxido)}$$

Por ser uma transformação puramente física, recebe o nome de *dissociação iônica* (em vez de *ionização*). E, por ser reversível, podemos recuperar o hidróxido de sódio aquecendo a solução para eliminar a água (o hidróxido de sódio permanece como resíduo cristalino branco).

> **Força básica (ou grau de dissociação iônica)**
>
> Como o ácido, a base classifica-se em:
>
> - **Forte** – Apresenta $\alpha > 50\%$. As bases solúveis são fortes, com exceção do hidróxido de amônio, que é fraco (apresenta $\alpha < 5\%$). Exemplos: hidróxido de sódio (NaOH), hidróxido de potássio (KOH), hidróxido de bário [Ba(OH)$_2$].
> - **Fraca** – Apresenta $\alpha < 5\%$. As bases insolúveis são fracas, por liberarem pequena a quantidade de ânions hidroxila na solução (Maia; Bianchi, 2007).

4.1.3 Reações de acidificação e de alcalinização

Os estudos sobre as reações de acidificação e de alcalinização tiveram início na primeira Revolução Industrial, em meados do século XVII. Essas reações ganharam importância devido ao aumento das emissões de poluentes que ocorreu a partir desse período. Como vimos anteriormente, a escala do pH é logarítmica, ou seja, uma pequena diminuição nesse valor pode representar variações de acidez ou de basicidade significativas para o meio ambiente. A acidez de mares e oceanos, por exemplo, vem aumentando muito por causa do gás carbônico (CO_2) emitido desde o surgimento das primeiras indústrias, e hoje é fortalecido pelo crescimento da frota de veículos automotores. Já comentamos que a água (H_2O) pode reagir com o gás carbônico, formando o ácido carbônico (H_2CO_3), que se encontra dissociado no mar, formando os íons de carbonato (CO_3^{2-}) e de hidrogênio (H^+).

A reação de formação do ácido carbônico é:
$$H_2O + CO_2 \rightarrow H_2CO_3$$
E a reação de dissociação do ácido carbônico no meio é representado pela fórmula:
$$H_2CO_3 \xrightarrow{\text{água}} 2H^+ + CO_3^{2-}$$

Segundo Atkins e De Paula (2002, p. 463), "O nível de acidez se dá através da quantidade de íons de hidrogênio presentes em uma solução – nesse caso, a água do mar. Quanto maior as emissões, maior a quantidade de íons de hidrogênio e consequentemente maior a acidez dos oceanos".

É muito difícil sugerir uma correção da acidez dos oceanos, porque a quantidade de água é muito grande e a agressão humana é difícil de controlar. Atualmente, sabemos que as emissões de gases poluentes são as maiores responsáveis pelos impactos ambientais, como as alterações climáticas, o aquecimento global, a mudança de pH dos oceanos e a agressão à camada de ozônio, entre outros problemas globais.

As reações de alcalinização são formas de correção da acidez de várias substâncias ácidas, como no caso da acidez do solo, que pode ser corrigida por reações alcalinas. Mencionamos como exemplo as plantações de arroz, que precisam de um solo mais alcalino, mas exigem muita água e altas temperaturas do ambiente (entre 25 °C e 40 °C).

O inverso também pode ocorrer: um solo alcalino precisar de correção para ficar mais ácido. Essas correções do solo para o plantio vão ser determinadas pela safra a ser plantada, cuja necessidade de nutrientes determinará a acidez ou a basicidade.

4.2 Solubilidade e precipitação

Ao adoçarmos um chá, percebemos que, enquanto as primeiras porções de açúcar se dissolvem na água sem deixar resíduos, novas porções formam um depósito de sólido, o corpo de fundo, e uma solução saturada de açúcar, que contém a máxima quantidade desse produto que pode ser dissolvida no chá.

Outro exemplo é o sal de cozinha: se tivermos 100 g de água a 18 °C, poderemos dissolver, no máximo, 35,9 g de cloreto de sódio. Isso significa que, se acrescentarmos 100 g de NaCl a 100 g de água, teremos 35,9 g dissolvidos e 64,1 g constituindo o corpo de fundo. Dizemos, portanto, que o coeficiente de solubilidade do cloreto de sódio a 18 °C é 35,9 g por 100 g de água, ou 359 g por quilograma de água.

Figura 4.1 – Soluções saturadas

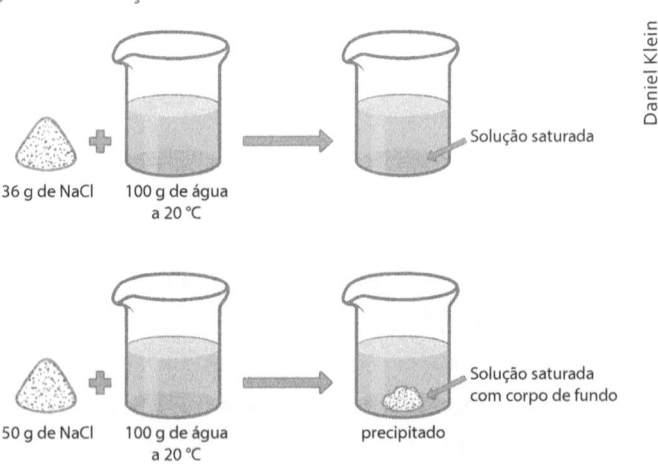

36 g de NaCl + 100 g de água a 20 °C → Solução saturada

50 g de NaCl + 100 g de água a 20 °C → Solução saturada com corpo de fundo / precipitado

Fonte: Adaptado de Fogaça, 2017e.

Dessa forma, o coeficiente de solubilidade, ou simplesmente solubilidade, é a quantidade máxima de uma substância capaz de se dissolver em uma quantidade fixa de solvente, em certas condições experimentais (pressão e temperatura). A quantidade de soluto pode ser expressa em g ou em mol por 100 g, 100 cm^3 ou 1 L de solvente.

A solubilidade de um líquido varia bastante com a temperatura. Pelos exemplos representados no Gráfico 4.2, podemos perceber que o mais comum é haver aumento da solubilidade com o aumento da temperatura, às vezes bem acentuado, como no caso do nitrato de potássio (KNO_3). Também há casos em que praticamente não há variação, como no do cloreto de sódio (NaCl), ou em que há decréscimo com a temperatura (raramente).

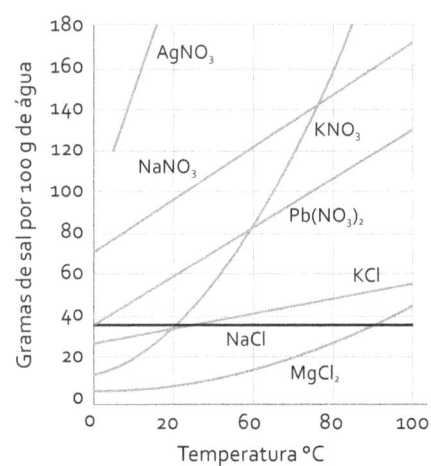

Gráfico 4.2 – Curvas de solubilidade de diversos sais

Fonte: Adaptado de Curvas de solubilidade, 2012.

Um exemplo da aplicação da solubilidade no meio ambiente é a poluição térmica, que é provocada pela utilização dos recursos hídricos para a refrigeração de termoelétricas ou de usinas nucleares. Esse fato ocasiona o retorno da água ao meio ambiente em uma temperatura mais elevada do que aquela que ela apresentava quando foi captada para uso. Essa variação de temperatura pode provocar alterações no meio ambiente e modificar os ciclos de vida e de reprodução de algumas espécies e ocasionar até mesmo a morte de peixes e plantas. A explicação para esse fenômeno é que o aumento da temperatura da água causa a diminuição da solubilidade do oxigênio nesse elemento. Assim, a quantidade menor de oxigênio da água impacta no meio ambiente.

4.2.1 Solução verdadeira e sistema coloidal

Será que uma solução de água e sal, cujo aspecto é homogêneo diante de nossos olhos, mantém tal aparência quando analisada por instrumentos óticos com grande capacidade de ampliar imagens? Se observarmos nossa pele a distância, podemos não distinguir as sutis diferenças de sua superfície. No entanto, se fizermos uma observação mais próxima, a visão muda; então, podemos imaginar o nível de detalhamento que atingiremos ao colocarmos um fragmento de pele em um microscópio capaz de ampliá-lo milhares de vezes.

Mesmo diante de ultramicroscópios, uma solução verdadeira, ou simplesmente solução, mantém seu aspecto homogêneo. Já um sistema coloidal, do tipo obtido quando se colocam algumas pitadas de amido de milho em um copo de água – visualmente, trata-se de um líquido branco e opaco –, pode revelar diminutas unidades da substância dispersa.

Nossa vista é capaz, sem qualquer auxílio, de perceber a heterogeneidade de uma suspensão obtida quando agitamos um pouco de argila em um copo de água. Isso porque os grãozinhos têm dimensões que podem ser captadas por nossos olhos, isto é, superiores a 100 nanômetros (nm), ou $100 \cdot 10^{-9}$ m.

Exercícios resolvidos

O gráfico a seguir representa a variação do coeficiente de solubilidade (medida em cada grama de soluto dividida por 100 gramas de solvente) do nitrato de potássio (KNO_3) em água, com a variação da temperatura. Com base nisso, responda:

a) Resfriando 1340,0 g de solução de nitrato de potássio saturada de 80 °C até 20 °C, qual é a quantidade do soluto que se separa da solução?

b) Visto que o limite máximo estabelecido pela Resolução n. 396, de 3 de abril de 2008 (Brasil, 2008), do Conselho Nacional do Meio Ambiente (Conama), é de 90 000 µg · L^{-1} de nitrato de potássio na natureza, e que, acima disso, ele é tóxico aos organismos aquáticos, a quantidade dessa substância que se precipita será tóxica se acontecer um derramamento dessa solução?

Gráfico 4.3 – Coeficiente de solubilidade do nitrato de potássio (KNO_3)

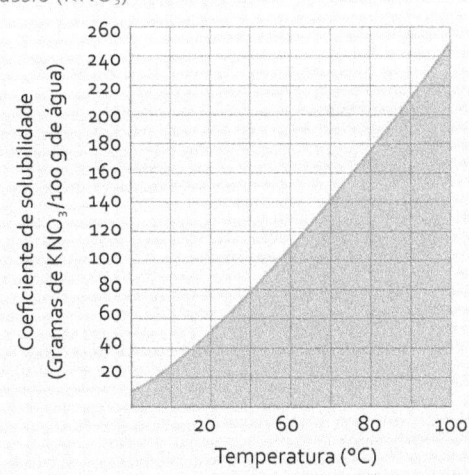

Fonte: Adaptado de Atkins; Jones, 2012.

Resolução

a) **1º modo**

No resfriamento, precipitaram-se:

260 − 140 = 120 g de solução

A massa que realmente se precipita é:

Solução	KNO$_3$
260 g	120 g
1340 g	x

Resposta: x = 618,4 g de nitrato de potássio se cristalizam (corpo de fundo).

2º modo

Observando o gráfico, vemos que, a 80 °C, 260 g (160 g + 100 g) de solução têm 100 g de água. Logo, a massa de água na solução inicial é:

Solução	H$_2$O
260 g	100 g
1340 g	x

x = 515,4 g de H$_2$O

Essa quantidade de água se mantém constante no resfriamento até 20 °C e será saturada com a seguinte massa de nitrato de potássio:

KNO$_3$	H$_2$O
40 g	100 g
Y	515,4 g

A massa inicial de nitrato de potássio era:

1340 − 515,4 = 824,6 g

Portanto, a massa que se precipita é de:

824,6 − 202,2 = 618,4 g

b) Agora, devemos verificar se essa massa de 618,4 g de nitrato de potássio é tóxica ao meio ambiente. Como 1μ = 10^{-6}, é permitido um descarte de 0,09 g · L^{-1} de nitrato de potássio no meio ambiente:

KNO_3	H_2O
0,09 g	1 000 g
X	100 g

x = 0,009 g de nitrato de potássio
em 1 000 g de água

Portanto, a quantidade de nitrato de potássio que se precipita da solução (6,184 g de KNO_3 em 100 g de água) está bem acima da permitida e, assim, é tóxica ao meio ambiente.

Tratamento de resíduos industriais

Sabemos que o uso de compostos químicos pelas indústrias para a fabricação de variados produtos (alimentícios, têxteis, automobilísticos, agropecuários, entre outros) é necessário. Por isso, há resíduos que exigem tratamento complexos do que outros. Isso se deve a uma série de fatores, como a solubilidade dos compostos químicos utilizados e a precipitação máxima para que possam ser removidos.

A indústria de corantes é responsável por gerar um grande volume de efluentes poluídos, descarregando-os no meio ambiente. Esses efluentes podem ser observados a olho nu, mesmo em baixas concentrações. Isso apresenta vantagens (fácil detecção, por exemplo) e desvantagens (mudança da cor da água contaminada). Esse problema também atinge as indústrias têxteis, pois elas precisam tingir os tecidos e, por isso, devem tratar suas águas para remover delas os corantes antes de devolvê-las ao ambiente.

No entanto, o maior impacto ambiental causado pelos corantes é que muitos deles são compostos orgânicos, fabricados com substâncias químicas tóxicas e mutagênicas ao sistema imunológico.

Por isso, é importante realizar o tratamento desses efluentes buscando precipitar o máximo dessa substância, atentando-se para o fato de que o descarte desses produtos é permitido apenas se eles apresentarem uma concentração de elementos tóxico menor do que uma parte por milhão (1 ppm) (Leal, 2011).

As indústrias de tratamento de superfície também apresentam sérios problemas com seus resíduos. Essas empresas utilizam metais pesados e muito agressivos ao meio ambiente para fazer os tratamentos químicos de outros metais, como cromatização, zincagem, cobreação e niquelagem.

O tratamento físico-químico desses resíduos acaba os transformando num lodo extremamente tóxico. Por isso, ele deve ser secado e, então, destinado a aterros controlados para resíduos industriais perigosos. O Brasil ainda demanda maior rigor na aplicação de leis para casos como esse, uma vez que dados da Secretaria do Meio Ambiente indicam que há um alto percentual de crises e de acidentes ambientais devido ao desrespeito à legislação.

4.3 Equilíbrio de complexação

Como vimos na Seção 3.8, o modelo de Brønsted-Lowry para explicar os conceitos de ácido e base é fundamentado na transferência de um próton entre duas espécies químicas. Mas o estudo sobre ácidos e bases é bem mais amplo e complexo para ser resumido em uma simples transferência de prótons (Atkins; De Paula, 2012).

Nesse sentido, é importante conhecermos a reação ácido-base de Lewis, elaborada pelo químico norte-americano Gilbert Newton Lewis (1875-1946), e que consiste na formação de uma ligação covalente coordenada, ou seja, uma ligação em que há um compartilhamento de elétrons entre as substâncias reagentes.

4.3.1 Ácidos e bases de Lewis

Numa reação ácido-base, em que ocorre a troca de elétrons, as substâncias reagentes são descritas por Lewis da seguinte maneira (Brady; Humiston, 2011a; Russel, 1994):

- Ácido de Lewis é o composto que recebe o par de elétrons.
- Base de Lewis é o composto que doa o par de elétrons.

Dessa maneira, quando a base doa o par de elétrons para o ácido, as duas espécies compartilham um par de elétrons por meio de uma ligação covalente coordenada. O composto cujo próton (H^+) aceita o par de elétrons, portanto, é um ácido de Lewis, porque ele se liga a um par de elétrons isolados de um composto doador, que é a base de Lewis.

> A teoria de Lewis é mais geral do que a de Brønsted-Lowry. Por exemplo, átomos e íons de metais podem agir como ácidos de Lewis, como na formação do $Ni(CO)_4$ a partir de átomos de níquel

(o ácido de Lewis) e monóxido de carbono (a base de Lewis), mas eles não são ácidos de Brønsted. Da mesma forma, uma base de Brønsted é um tipo especial de base de Lewis, uma substância que pode utilizar um par de elétrons isolados para formar uma ligação covalente com um próton. (Atkins; Jones, 2012, p.426-427)

Dessa forma, a definição de Lewis para as bases também é mais completa que a definição de Bronsted-Lowry.

Todas as bases de Bronsted-Lowry são também bases de Lewis, mas a afirmação contrária não é verdade, pois as primeiras liberam ânion hidroxila na dissociação em meio aquoso, o que nem sempre ocorre com as segundas.

A seguir, vamos analisar alguns compostos químicos que são ácidos (geralmente metais) e bases de Lewis.

4.3.2 Compostos complexos ou de coordenação

Compostos complexos ou de coordenação ou, simplesmente, complexos são formados por interações entre ácidos e bases de Lewis. Na maioria das vezes, são compostos por um íon metálico – ácido de Lewis (espécie que recebe o par de elétrons) – e um composto ligante – base de Lewis (espécie que doa o par de elétrons).

Um exemplo de composto complexo é o cloreto de hexamincobalto (III) $\left[Co(NH)\right]_6^{3+} Cl^{3-}$, no qual o íon de cobalto (Co^{3+}) está ligado a seis moléculas de amônia (nitreto de hidrogênio – NH_3).

Figura 4.2 – Estrutura química do cloreto de hexamincobalto (III)

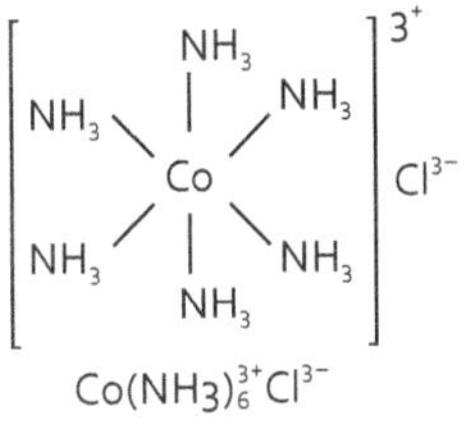

$$\left[\begin{array}{c} NH_3 \\ NH_3\diagdown | \diagup NH_3 \\ Co \\ NH_3\diagup | \diagdown NH_3 \\ NH_3 \end{array} \right]^{3+} Cl^{3-}$$

$Co(NH_3)_6^{3+} Cl^{3-}$

Fonte: Adaptado de Alves Jr., 2004.

As reações de complexação são importantes do ponto de vista ambiental para o tratamento da água, por exemplo, pois a remoção de metais da água pode ser feita por esse tipo de reação – os metais formam complexos com compostos orgânicos e, por isso, devem ser removidos. Esse processo é muito utilizado quando há excessos de metais como ferro (Fe), zinco (Zn), cobre (Cu), cobalto (Co) e níquel (Ni), que podem ser complexados por ligantes nitrogenados, como a amônia. Já substâncias como alumínio (Al), chumbo (Pb) e bismuto (Bi) são mais propensos à formação de complexos com átomos de oxigênio como doadores de elétrons.

Um composto quelante é formado por um íon metálico que se liga covalentemente a vários compostos orgânicos. O ácido etilenodiaminotetracético (EDTA), por exemplo, é um composto quelante formado por átomos de oxigênio e de nitrogênio. O EDTA é um agente sequestrante, ou seja, ele forma complexo com quase todos os metais e é largamente aplicado no tratamento da água, principalmente daquela utilizada em caldeiras para geração de vapor, a qual não pode apresentar metais em sua constituição, senão reduz o tempo de vida dos equipamentos e das tubulações (Atkins; De Paula, 2012).

O EDTA é empregado também para tratar as águas que provêm da indústria têxtil, devido à presença de corantes na água residual, conforme mencionamos anteriormente. O ácido reage com os corantes removendo os excessos na forma de complexos.

Compostos organometálicos de silício (Si), germânio (Ge), estanho (Sn) e chumbo (Pb) apresentam em sua fórmula o tetraetil [(CH$_3$)$_4$] e também são complexos. Entre eles, os mais conhecidos são o tetrametilchumbo (C$_4$H$_{12}$Pb) e o tetraetilchumbo (C$_8$H$_{20}$Pb). Ambos são muito empregados como antidetonantes na gasolina e na minimização de problemas de poluição ambiental causados, principalmente, nos centros urbanos, pois capturam poluentes da atmosfera. O uso desses aditivos produz a formação de depósitos de chumbo ocasionando a corrosão das paredes dos cilindros dos automóveis. São extremamente tóxicos ao meio ambiente, pois o chumbo é altamente carcinogênico (Oliveira; Silva, 2006).

4.4 Reações de oxirredução

Um tipo de reação química importante para o nosso estudo é aquela em que ocorre transferência de elétrons, conhecida também como reação de oxirredução, ou *redox*. Nesse tipo de reação, um ou mais elétrons *parecem* ser transferidos de um átomo para outro. Dizemos *parecem* porque atribuir elétrons para átomos individuais envolve técnicas de contabilização do número de oxidação (NOX) dos elementos um tanto quanto arbitrárias.

4.4.1 Determinação do NOX dos elementos

Existem dois métodos para determinarmos o NOX dos elementos químicos.

O primeiro método utiliza a estrutura de Lewis, e os elétrons de valência são contados da mesma forma que os da carga formal dos elementos, com a diferença de que os dois elétrons da ligação covalente são atribuídos ao átomo mais negativo. Se os dois átomos ligados são idênticos, o par compartilhado é dividido entre os dois como se fizessem parte das cargas formais.

O segundo método não utiliza a estrutura de Lewis e é equivalente ao primeiro método e apresenta os seguintes conceitos fundamentais sobre o NOX dos elementos químicos:

1. Numa fórmula qualquer, a soma algébrica dos NOX de todos os átomos é zero.
2. Num íon, a soma algébrica dos NOX de todos os átomos é igual à carga do íon.
3. São constantes os NOX dos elementos do Quadro 4.1, os quais servirão de padrão para determinar NOX desconhecidos.

Quadro 4.1 – NOX dos elementos químicos

Elementos	NOX
Metais alcalinos (família 1A) e prata (Ag)	+1
Metais alcalinos terrosos (família 2A) e zinco (Zn)	+2
Alumínio (Al)	+3
Cloro (Cl)	–1 (só nos cloretos)
Flúor (Fl)	–1
Enxofre (S)	–2 (só nos sulfetos)

4. O hidrogênio apresenta, geralmente, NOX = +1, com exceção de quando compõe hidretos metálicos, pois vale –1. Por exemplo: hidretos de sódio (NaH), cálcio (CaH_2) etc.

5. O oxigênio apresenta, geralmente, NOX = –2, com as seguintes exceções:

- Nos peróxidos, vale –1. Por exemplo: peróxidos de hidrogênio (H_2O_2), sódio (Na_2O_2), cálcio (CaO_2) etc.
- No fluoreto de oxigênio (OF_2), vale +2.
- Nos superóxidos, vale – 0,5. Por exemplo: superóxidos de potássio (K_2O_4), bário (BaO_4) etc.

Exercícios resolvidos

1. Calcule o NOX do enxofre (S), no tiossulfato de sódio ($Na2S_2O_3$).

Resolução:

Como o sódio vale +1, e o oxigênio, –2, temos:

	Na_2	S_2	O_3
NOX de cada átomo	+1	x	–2
Total de NOX	+2	2x	–6

Somando os valores totais e igualando a zero, obtemos o valor de x:

$$2 + 2x - 6 = 0 \rightarrow x = 2$$

Resposta: NOX do enxofre (S) = +2 (valor médio dos dois átomos de enxofre).

2. Calcule o NOX do cloro (Cl) no perclorato de bário [$Ba(ClO_4)_2$].

Resolução:

Como o bário (Ba) é um metal alcalinoterroso, vale +2, e o oxigênio, –2. Então, temos:

	Ba	Cl_2	O_8
NOX de cada átomo	+2	x	–2
Total de NOX	+2	2x	–16

Somando os valores totais de NOX dos átomos e igualando a soma a zero, obtemos:

$$2 + 2x - 16 = 0 \rightarrow x = 7$$

Resposta: NOX do cloro (Cl) = +7.

3. Calcule o NOX do enxofre (S) no ânion tetrationato ($S_4O_6^{2-}$).

Resolução:

Nesse caso, como se trata de um íon, devemos igualar o total de NOX de todos os átomos a −2 (carga do íon):

	S_4	O_6^{2-}
NOX de cada átomo	x	−2
Total de NOX	4x	−12

Somando os valores totais de NOX dos átomos e igualando a soma a zero, obtemos:

$$4x - 12 = -2 \rightarrow x = +2{,}5$$

Resposta: NOX do enxofre (S) = +2,5 (valor médio dos quatro átomos de enxofre).

4.4.2 Oxidação e redução

Muitas são as reações nas quais os NOX das substâncias reagentes variam — enquanto um aumenta, o outro diminui:

Exemplos:

$$\begin{array}{ccccc} Zn + & 2\,HCl & \rightarrow & ZnCl_2 & + H_2 \\ \downarrow & \downarrow & & \downarrow & \downarrow \\ 0 & +1 & & +2 & 0 \end{array}$$

Como podemos notar nesse exemplo, o NOX do elemento zinco aumenta de zero para +2 (perdendo dois elétrons) e o do elemento hidrogênio diminui de +1 para zero (cada átomo de hidrogênio ganha um elétron).

$$4Fe^+ \quad 3O_2 \quad \rightarrow \quad 2(Fe_2O_3)$$
$$\downarrow \quad\quad \downarrow \quad\quad\quad\quad\quad \downarrow \;\downarrow$$
$$0 \quad\quad 0 \quad\quad\quad\quad\quad +3 \;-2$$

Nessa reação, cada átomo de ferro perde três elétrons e cada átomo de oxigênio ganha dois elétrons.

Com isso em mente, podemos definir as reações de oxidação e de redução:

- Oxidação – Ocorre quando uma substância de uma reação química apresenta aumento algébrico do seu NOX; portanto, significa a perda de elétrons por essa substância, que recebe o nome de *elemento redutor*.
- Redução – Ocorre quando uma substância de uma reação química apresenta diminuição algébrica do seu NOX; portanto, significa o ganho de elétrons por essa substância, que recebe o nome de *elemento oxidante*.

Dessa forma, agente oxidante é a substância que contém o elemento redutor, e agente redutor é a substância que contém o elemento oxidante.

Balanceamento de uma equação de oxirredução pelo método da variação do NOX

As equações de oxirredução são, geralmente, complicadas e não é possível acertar seus coeficientes pelo método das tentativas, que estudamos anteriormente. Para acertá-los, devemos proceder conforme as seguintes etapas:

1. Inicialmente, procuramos os elementos cujos NOX variaram durante a reação (agente oxidante e agente redutor).
2. Determinamos a variação do NOX para um só átomo do elemento oxidante ou do elemento redutor.
3. Multiplicamos essa variação pelo número de átomos do elemento existente na molécula do agente correspondente (isto é, multiplicamos a variação pelo índice do elemento na fórmula do agente). Com isso, obtemos a variação total do NOX por molécula do agente, que é representada pela letra delta maiúscula (Δ).
4. Em seguida, o Δ de um agente torna-se o coeficiente do outro, a fim de igualar o total de elétrons cedidos e recebidos pelos dois agentes.

Exemplos

- Oxidação do monóxido de carbono (CO) reagindo com pentóxido de di-iodo (I_2O_5):

$$CO + \quad \rightarrow \quad CO_2 \quad + I_2$$
$$\downarrow \quad \downarrow \quad \downarrow \quad \downarrow$$
$$+2 \quad +5 \quad +4 \quad 0$$

Observamos que o carbono é o composto que sofreu a oxidação, ou seja, é o agente redutor, e teve um acréscimo de 2 elétrons. Esse valor (2) deve ser acrescentado na frente dos compostos que apresentam o elemento químico iodo, que está sofrendo a redução, ou seja, é o agente oxidante. O iodo apresenta um decréscimo de

5 elétrons, e esse valor (5) deve então equilibrar os compostos que apresentam o elemento químico carbono.

As variações de 2 e 10 átomos de oxigênio (por molécula do agente) no número do NOX devem ser simplificadas por 2 para obtermos coeficientes mais simples. Assim, o número 2 altera-se para 1 e torna-se o coeficiente do pentóxido de di-iodo, e o 10 vira 5 e torna-se o coeficiente do monóxido de carbono:

$$5\ CO + 1\ I_2O_5 \rightarrow 5\ CO_2 + I_2$$

Em seguida, por tentativa, obtemos os coeficientes restantes:

$$5\ CO + 1\ I_2O_5 \rightarrow 5\ CO_2 + 1\ I_2$$

Assim, balancemos a equação, pois há dez átomos de oxigênio de cada lado. Com isso, demonstramos o segundo método de equilíbrio de reações de oxirredução.

O balanceamento poderia ter sido feito do segundo para o primeiro membro, seguindo-se o mesmo procedimento.

$$CO + I_2O_5 \rightarrow CO_2 + I_2$$

- Redução – Iodo (I):
  NOX +5 para NOX zero = 5 · 2 = 10
- Oxidação – Oxigênio (O):
  NOX +2 para NOX +4 = 2 · 2 = 4

Com os coeficientes estequiométricos obtidos, temos a reação balanceada:

$$5\ CO + 1\ I_2O_5 \rightarrow 5\ CO_2 + 1\ I_2$$

A seguir, veremos outros exemplos de como é feita a identificação dos NOX e das variações eletrônicas.

2. Redução do óxido férrico (Fe_2O_3, hematita) com carvão (C) (método metalúrgico para a obtenção do ferro e do aço):

Fe_2O_3 C → CO_2 + Fe
  ↓   ↓   ↓   ↓
  +3   0   +4   0

Na reação da redução do NOX do ferro de +3 para zero, há a oxidação do carbono (de NOX zero para +4), ou seja, há uma variação total de um elétron. O agente redutor nesse exemplo é o carbono (C), e o agente oxidante é o ferro (Fe).

- **Redução** – Ferro (Fe):
  NOX +3 para NOX zero = 3 · 2 = 6
- **Oxidação** – Carbono (C):
  NOX zero para NOX +4 = 4 · 1 = 4

Com os coeficientes estequiométricos obtidos, temos a reação balanceada:

$$2\ Fe_2O_3 + 3\ C \rightarrow 3\ CO_2 + 4\ Fe$$

3. Oxidação de cloreto de sódio (NaCl) reagindo com permanganato de potássio ($KMnO_4$), em presença de ácido sulfúrico (H_2SO_4):

NaCl + $KMnO_4$ + H_2SO_4 → Na_2SO_4 + $MnSO_4$ + K_2SO_4 + H_2O + Cl_2
  ↓   ↓   ↓   ↓
  −1   +7   +2   0

Nesse caso, o NOX potássio (K) reduz de +7 para +2 e há uma variação de 5 elétrons; para fazer o balanceamento da reação, utilizamos um coeficiente fracionário (5/2) no composto em que está presente o sódio, ou multiplicamos toda a equação por 2. Assim, o cloreto de sódio (NaCl) é multiplicado por 10, em vez de 5/2. Nesse exemplo, o agente redutor é o cloro (Cl), e o agente oxidante é o potássio (K).

$$10\ NaCl + 2\ KMnO_4 + H_2SO_4 \rightarrow$$
$$\rightarrow 5\ Na_2SO_4 + MnSO_4 + K_2SO_4 + H_2O + Cl_2$$

O acerto por tentativas deve sempre iniciar-se pelos elementos oxidante, nesse caso, o manganês (Mn), e redutor, nesse caso, o cloro (Cl):

$$10\ NaCl + 2\ KMnO_4 + 8\ H_2SO_4 \rightarrow$$
Agente redutor
$$\rightarrow 5\ Na_2SO_4 + 2\ MnSO_4 + K_2SO_4 + 8\ H_2O + 5\ Cl_2$$
Agente oxidante

- Redução – Manganês (Mn):
  NOX +7 para NOX +2 = 5 · 1 = 5
- Oxidação – Cloro (Cl):
  NOX –1 para NOX zero = 1 · 2 = 2

Provamos o balanceamento evidenciando oito átomos de oxigênio de cada lado – não incluímos o sulfato (SO_4), pois ele já foi balanceado como se fosse um elemento (Atkins; De Paula, 2012; Schmal, 2013). Com os coeficientes estequiométricos obtidos, temos a reação balanceada:

$$10\ NaCl + 2\ KMnO_4 + 8\ H_2SO_4 \rightarrow$$
$$\rightarrow 5\ Na_2SO_4 + 2\ MnSO_4 + K_2SO_4 + 8\ H_2O + 5\ Cl_2$$

Exercícios resolvidos

1. Faça o balanceamento das equações a seguir indicando os agentes oxidante e redutor:
   a) $H_2SO_3 + KMnO_4 \rightarrow H_2SO_4 + KHSO_4 + MnSO_4 + H_2O$
   b) $HNO_3 + H_2S \rightarrow H_2O + NO + S$
   c) $P + HNO_3 + H_2O \rightarrow H_3PO_4 + NO$
   d) $KMnO_4 + FeSO_4 + H_2SO_4 \rightarrow Fe_2(SO_4)_3 + K_2SO_4 + MnSO_4 +$
      $+ H_2O$

Resolução

a) $5\ H_2SO_3 + 2\ KMnO_4 \rightarrow H_2SO_4 + 2\ KHSO_4 + 2\ MnSO_4 + 3\ H_2O$
   agente oxidante: $KMnO_4$
   agente redutor: H_2SO_3
   $4\ KMnO_4 + 6\ H_2SO_4 + 2\ H_2O_2 \rightarrow 2\ K_2SO_4 + 4\ MnSO_4 +$
   $+ 8\ H_2O + 6\ O_2$

   - Redução – Manganês (Mn):
     NOX +7 para NOX +2 = 5 · 1 = 5
   - Oxidação – Oxigênio (O):
     NOX –2 para NOX zero = 2 · 2 = 4

b) $2\ HNO_3 + 3\ H_2S \rightarrow 4\ H_2O + 2\ NO + 3\ S$
   agente oxidante: HNO_3
   agente redutor: H_2S

   - Redução – Nitrogênio (N):
     NOX +5 para NOX +2 = 3 · 1 = 3
   - Oxidação – Enxofre (S):
     NOX –2 para NOX zero = 2 · 1 = 2

c) $3\ P + 5\ HNO_3 + 2\ H_2O \rightarrow 3\ H_3PO_4 + 5\ NO$
agente oxidante: HNO_3
agente redutor: P

- Redução – Nitrogênio (N):
  NOX +5 para NOX +2 = 3 · 1 = 3
- Oxidação – Fósforo (P):
  NOX zero para NOX +5 = 5 · 1 = 5

- Redução – Manganês (Mn):
  NOX +6 para NOX +7 = 1 · 1 = 1
- Oxidação – Ferro (Fe):
  NOX +2 para NOX +3 = 1 · 1 = 1

2. Indique a única reação que não é de oxirredução e justifique a sua resposta:
   a) $2\ NO_2 + 7\ H_2 \rightarrow 2\ NH_3 + 4\ H_2O$
   b) $Fe2O_3 + 3\ CO \rightarrow 2\ Fe + 3\ CO_2$
   c) $NH_3 + H_2O \rightarrow NH_4OH$
   d) $S + O_2 \rightarrow SO_2$
   e) $N_2 + 3\ H_2 \rightarrow 2\ NH_3$

   Resposta: alternativa c, pois é uma reação de adição: o reagente amônia ou amoníaco (NH_3) reagiu com a água (H_2O) formando o hidróxido de amônio (NH_4OH).

3. Considere as seguintes reações químicas:
   I $SO_2 + H_2O_2 \rightarrow H_2SO_4$, em que o NOX do enxofre (S) varia de +4 para +6.
   II $SO_2 + H_2O \rightarrow H_2SO_3$, em que o NOX do enxofre (S) permanece constante (+4).
   III $SO_2 + NH_4OH \rightarrow NH_4HSO_3$, em que o NOX do enxofre (S) permanece constante (+4).

Podemos classificar como reação de oxirredução:
a) Apenas a reação I.
b) Apenas a reação II.
c) Apenas a reação III.
d) Apenas as reações I e II.
e) Apenas as reações II e III.

Resposta: alternativa a, pois reações dos itens I e II são reações de adição. Somente na reação I o NOX do enxofre (S) sofre alteração.

4. Considere a equação:

$$5 \text{ KI (incolor)} + 1 \text{ KIO}_3 \text{ (incolor)} + 6 \text{ HCl} \rightarrow$$
$$\rightarrow 3 \text{ I}_{2(s)} \text{ (cinza-escuro)} + 6 \text{ KCl}_{(aq)} + 3 \text{ H}_2\text{O}$$

Em que o NOX do potássio (K) permanece constante (+1) e o do iodo (I) varia de +5 para zero, ou seja, o iodo sofre oxidação e é o agente redutor. Nesse caso, ocorre:

a) Exclusivamente oxidação do íon de iodeto potássio (K^+ e I^-).
b) Exclusivamente redução do íon de iodato de potássio (K^+ e IO_3^-).
c) Oxidação do íon iodeto e redução do íon de iodato (IO_3^-).
d) Exclusivamente redução do íon de cloreto (Cl^-).
e) Nenhuma das alternativas.

Resposta: alternativa c, pois é uma reação de oxirredução, então ocorrem os dois processos (oxidação e redução).

4.4.3 Reações de oxirredução no meio ambiente

O oxigênio do ar é um agente oxidante importante para a sociedade, pois ele participa de processos tão diversos quanto a formação da ferrugem, a combustão da gasolina e a putrefação dos alimentos, entre outros (Shriver; Atkins, 2008). O termo *oxidar* é vulgarmente empregado para mencionar situações em que um metal perde o brilho, devido ao aumento do seu NOX.

Um processo de oxidação indesejável e comum em nosso dia a dia é a formação da ferrugem, no qual o ferro passa do NOX zero a +3, formando hidróxido de ferro hidratado (a ferrugem), por ação do ar e da água. Impedir que esse fenômeno aconteça tem sido uma preocupação do homem, visto que inúmeros objetos ficam inutilizáveis em razão da oxidação.

Apesar de ter sido parcialmente substituído por compostos sintéticos, como o plástico, tanto em canalizações como em para-choques de automóveis, o ferro ainda tem largo emprego na atualidade. Associado ao carbono e a outros metais, constitui os aços, que são utilizados para fins diversos, indo de utensílios que frequentam nossas mesas a peças de navios, de automóveis e de imensas estruturas metálicas.

Para dificultar a formação da ferrugem, recorremos, por exemplo, à utilização de aços especiais, que contêm cromo, níquel, molibdênio ou cobre. Essas ligas metálicas, além de apresentarem maior resistência à corrosão – como os aços inoxidáveis –, têm outras propriedades vantajosas, como dureza, flexibilidade e resistência à tração.

Há reações orgânicas importantíssimas que são exemplos de oxidação. Muitas são úteis, como é o caso das combustões, graças às quais obtemos calor, ou das fermentações, utilizadas, por exemplo, na obtenção do álcool por meio da cana-de-açúcar. Inúmeras reações de oxidação ocorrem também em nosso organismo, permitindo que obtenhamos energia para viver, como a reação simplificada que podemos associar à respiração.

Processos de recobrimento de objetos de ferro são feitos com esmaltes ou com *primer* – zarcão (Pb_3O_4) – antes do recebimento da tinta, como uma forma de dificultar o contato do metal com o oxigênio e impedir a formação de ferrugem.

Quanto as oxirreduções, algumas delas ocorrem na matéria viva e podem ser indesejáveis, como as que são responsáveis pela putrefação dos alimentos. Tais processos podem ser minimizados de diversas formas. É comum o emprego de antioxidantes em alimentos industrializados, o que pode ser facilmente verificado pela leitura de seus rótulos. Neles, escondidas sob a forma de siglas, são indicadas substâncias que servem para reduzir oxidações da matéria orgânica.

Figura 4.4 – Principais antioxidantes alimentares

Principais antioxidantes alimentares

Selênio:	Licopeno:	Flavonoides:	Betacaro-	Zinco:	Vitamina E:
castanhas-do-pará, frutos do mar, aves e carnes vermelhas, grãos de aveia e arroz integral.	alimentos de cor avermelhada como tomate, melancia, pimentão, beterraba; Vitamina C: acerola, pimentão, goiaba, kiwi, brócolis, maracujá.	frutas, verduras, suco de uva, vinho, chá verde, chá preto, chá branco e soja.	teno: cenoura, tomate, abóbora, beterraba, mamão, manga e batata doce. Antocianinas: amora, uva, framboesa, morango, repolho roxo, alface roxa e açaí.	carnes vermelhas e brancas, fígado, frutos do mar, ovos, cereais integrais, lentilha e gérmen de trigo.	gérmen de trigo, milho, nozes, amendoim, gema de ovo, sementes, óleo de oliva, amêndoas, avelãs, couve, abacate, damasco, carnes magras, laticínios, alface, espinafre, aspargo, óleos vegetais (milho, girassol, soja), margarina, cereais integrais e nozes.

Carballo/Shutterstock

Fonte: Adaptado de Crosara, 2015.

Outras indústrias que empregam reações de oxirredução são as que oferecem serviços de tratamento de superfícies, em que os recobrimentos metálicos se dão por reação de oxidação. Um metal será o agente redutor enquanto o outro será o agente oxidante. A Figura 4.5, a seguir, demonstra o tratamento de um metal com níquel, que é chamado de *niquelação*. O objeto niquelado é um cátodo e ele recebe elétrons do níquel, ou seja, sofre redução e, então é o agente oxidante, enquanto o níquel, que é o material depositado no objeto, sofrendo oxidação e é o agente redutor.

Figura 4.5 – Banho eletrolítico de níquel (niquelação)

Banho eletrolítico de níquel

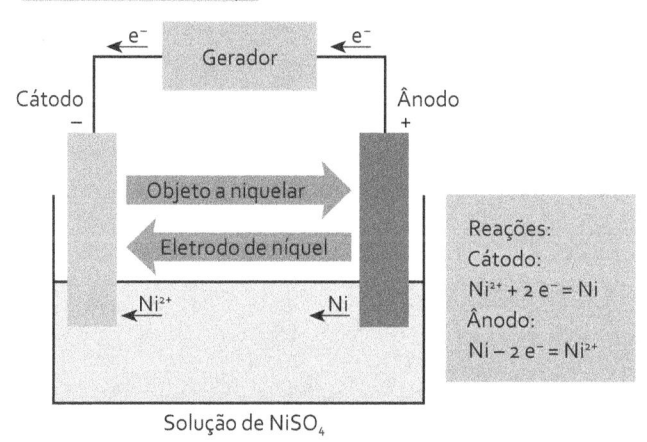

Reações:
Cátodo:
$Ni^{2+} + 2\,e^- = Ni$
Ânodo:
$Ni - 2\,e^- = Ni^{2+}$

Solução de $NiSO_4$

Fonte: Adaptado de Banho de níquel..., 2017.

As pilhas também funcionam por reações de oxirredução. O exemplo mais comum são as pilhas da Daniell, nas quais o cobre é o composto que está sofre a redução (cede elétrons), ou seja, é o agente oxidante, e o zinco é o metal que sofre oxidação (recebe elétrons), o agente redutor.

Figura 4.6 – Pilha de Daniell

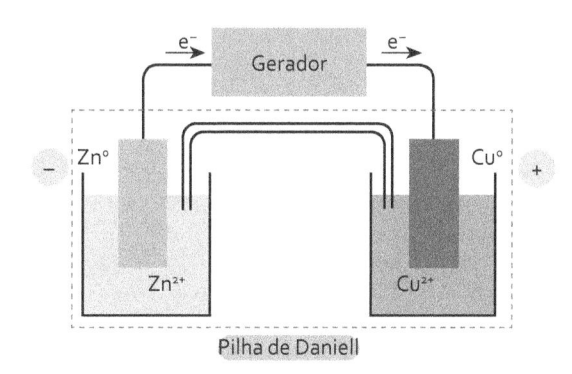

Pilha de Daniell

Fonte: Adaptado de Pilha de Daniell, 2017.

As pilhas de Daniell são um aperfeiçoamento das pilhas criadas por Alessandro Volta, em torno de 1800. Elas recebem esse nome por causa do químico inglês que as desenvolveu, John Frederic Daniell (1790-1845), em 1836 (Fogaça, 2017c).

As reações envolvidas na pilha de Daniell são:

Ânodo: $Zn_{(s)} \rightarrow Zn^{2+}_{(aq)} + 2e^-$

Cátodo: $Cu^{2+}_{(aq)} + 2e^- \rightarrow Cu_{(s)}$

Equação global: $Zn_{(s)} + Cu^{2+}_{(aq)} \rightarrow Zn^{2+}_{(aq)} + Cu_{(s)}$

As pilhas e as baterias comuns que usamos em nossas atividades também estão fundamentadas na oxirredução, evidenciando a habitualidade com que essa reação se apresenta no nosso dia a dia (Castellan, 1986).

Elaborado com base em Feltre, 2008.

Perguntas & respostas

Como podemos explicar o que ocorre com um metal quando ele perde o brilho? Qual é o agente redutor do processo responsável por isso?

O número de oxidação do metal aumenta, enquanto o número de elétrons se reduz, ou seja, o metal oxida-se (perde elétrons). O agente redutor é o próprio metal.

Com base em sua experiência de vida, indique qual metal é o mais redutor: ouro, ferro ou cobre? Por quê?

O ferro é o que tem a maior tendência de se oxidar, por isso, a formação da ferrugem é o processo mais comum, em comparação à corrosão do cobre. Já o ouro é o que tem, entre os três metais, a menor tendência a se oxidar e, por isso, mantém o brilho quando exposto ao ar. Assim, o ferro é o mais provável de sofrer oxidação. Isso ocorre porque o ferro é o metal que tem a maior tendência de ceder elétrons, seguido do cobre. Naturalmente, o ouro, por ser o mais inerte, é o que tem mais dificuldade de ceder elétrons.

O que os antioxidantes têm a ver com os alimentos? Explique a sua resposta.

> Antioxidantes são substâncias associadas aos alimentos para dificultar os processos de oxirredução que eles sofrem.
> *Quais formas de conservação de alimentos não usam antioxidantes?*
> A pasteurização é um método de conservação que utiliza o calor para eliminar a maioria dos micro-organismos que participam da oxirredução; é muito importante na conservação do leite. Além desse processo, desenvolvido pelo cientista francês Louis Pasteur (1822-1895), há a esterilização, a secagem, a defumação, a refrigeração, o congelamento e o tratamento por irradiação. Eles demonstram que podemos impedir a putrefação dos alimentos sem recorrermos à adição de novas substâncias a eles.

4.5 Estado coloidal: suspensões e soluções

Em 1861, utilizando sacos de pergaminho, Thomas Graham (1805-1869), químico escocês, verificou que havia soluções cujas unidades dispersas eram incapazes de atravessar tais membranas. Por essas soluções erem aspecto semelhante à cola, foram chamadas de *coloides* (do grego *cola*).

A solução coloidal ou coloide é a dispersão de uma fase em outra na qual as partículas ou unidades da fase dispersa têm, pelo menos, uma dimensão maior que as das moléculas comuns – ainda que sejam tão pequenas que não possam ser observadas a olho nu. Exemplos dessas soluções são a maionese e as nuvens, entre outros.

Na verdade, partículas das soluções coloidais não atravessam as membranas por serem maiores que as moléculas e os íons comuns, e o nome *coloidal* é empregado mesmo quando, em decorrência do tamanho das unidades dispersas, a solução não apresente aspecto pegajoso.

Para dar uma ideia das dimensões sobre as quais estamos tratando, vejamos, simplificadamente, a Figura 4.7.

Figura 4.7 – Classificação das dispersões

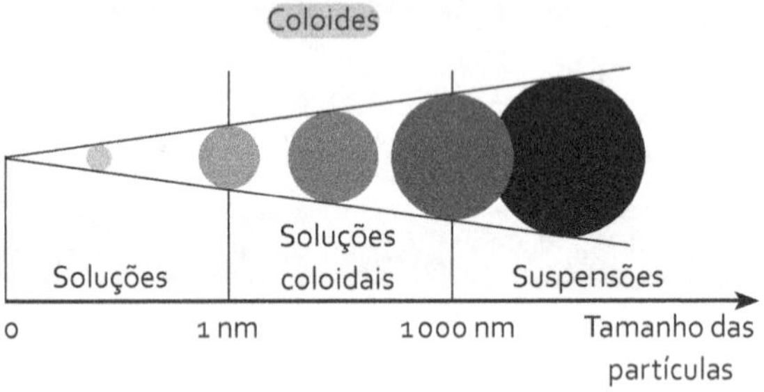

Fonte: Adaptado de Coloides e dispersões, 2013.

Cientistas perceberam que uma substância que, em determinado meio, forma uma dispersão coloidal pode, sob outras condições, originar uma suspensão, ou seja, o fator determinante para ocorrer uma solução verdadeira, uma dispersão coloidal ou uma suspensão é o estado de divisão das partículas do disperso, e não a sua natureza química.

Não há uma divisão rígida entre os três tipos de dispersão, uma vez que as coloidais cujas unidades do disperso têm dimensões muito próximas às das soluções verdadeiras apresentam várias propriedades comuns com essas últimas. Por outro lado, aquelas cujas unidades do disperso são bem maiores podem apresentar características próximas às das suspensões.

Dispersões coloidais em nosso cotidiano

O contato com soluções coloidais é bastante comum em nossa vida. Em princípio, substâncias nos três estados da matéria (sólido, líquido e gasoso) podem formar, com dispersantes sólidos, líquidos e gasosos, dispersões coloidais.

A única impossibilidade de ocorrer dispersão coloidal é na mistura gás-gás, que conduz sempre a uma solução verdadeira. O Quadro 4.2, a seguir, ilustra alguns exemplos.

Quadro 4.2 – Dispersões coloidais

Dispersão coloidal	Exemplos	Nomes particulares
Líquido em gás	Nuvens, nevoeiro, sprays (inseticidas, desodorantes)	Aerossol (se o gás for o ar)
Líquido em líquido	Leite, creme de leite, maionese	Emulsão
Líquido em sólido	Geleias	Gel
Gás em líquido	Espuma de sabão, creme de leite batido	Espuma
Sólido em gás	Fumaças em geral (de cigarros, de escapamentos)	Aerossol (se o gás for o ar)

Fonte: Elaborado com base em Russel, 1994.

Nos seres vivos, os coloides assumem papel importante, uma vez que as células animais e vegetais contêm sistemas coloidais, responsáveis por funções vitais.

Industrialmente os coloides têm vários empregos como, por exemplo, na fabricação de tintas (uma vez que os pigmentos estão em dispersão coloidal) e na elaboração de muitos cosméticos. Os filmes fotográficos contêm dispersões coloidais de sais de prata – brometo de prata (AgBr) e cloreto de prata (AgCl).

Em nossa alimentação, citamos os pudins, os queijos cremosos, os requeijões, a manteiga e a maionese, entre outros exemplos (Shriver; Atkins, 2008).

Quadro 4.3 – Propriedades das dispersões

Propriedades	Soluções	Soluções coloidais	Suspensões
Diâmetro médio das unidades dispersas	Menores que 1 nm	Entre 1 nm e 100 nm	Maiores que 100 nm
Tipos de unidades dispersas	Átomos, íons ou moléculas	Agregados de moléculas ou de íons, macromoléculas ou macroíons	Agregados de moléculas ou íons
Visibilidade das unidades dispersas	Invisíveis, mesmo em microscópios eletrônicos	Visíveis em ultramicroscópios e microscópios eletrônicos	Visíveis em microscópios comuns
Decantação do disperso	Não decantam	Decantam sob ação de ultracentrífugas	Decantam sob ação da gravidade ou de centrífugas comuns
Ação de filtros	Nem mesmo ultrafiltros retêm o disperso	O disperso é retido sob ação de ultrafiltros	O disperso é retido por filtro comum

Fonte: Adaptado de Shriver; Atkins, 2008, p. 122-124.

4.6 Osmose

Os temas da purificação e do tratamento da água têm sido apresentados com frequência em debates, congressos, pesquisas e estudos ambientais, pois existem regiões do planeta em que a água é escassa. Na Região Nordeste do Brasil, por exemplo, a seca é uma realidade que traz muitas dificuldades à população. Há um processo conhecido como *dessalinização da água* que está disponível nessa região e que pode ser realizado por osmose reversa. Esse processo consiste na remoção dos sais dissolvidos na água e apresenta custo inferior a outras técnicas de dessalinização, como a destilação ou a troca iônica. Ressaltamos que sal é um composto de difícil remoção e não sai da água por meio outros tratamentos, como purificação, filtração, adsorção ou esterilização.

A osmose é transferência de massa de um meio hipertônico (mais concentrado) para outro hipotônico (menos concentrado). Ela é um fenômeno natural que ocorre em células animais e vegetais, que podem inchar ou encolher, dependendo da concentração das soluções nas quais são colocadas, devido à membrana plasmática.

O funcionamento das células é bastante complexo porque, além da água, muitas substâncias dissolvidas são capazes de atravessar a membrana celular. Porém, a água entra na célula e sai dela muito rapidamente e é a principal responsável pelo estabelecimento do equilíbrio osmótico entre a célula e as soluções que a rodeiam. Quando é colocada numa solução hipotônica, devido à entrada de água pela membrana plasmática, a célula intumesce, chegando, às vezes, a se romper.

Nas células vegetais, há uma parede rígida que impede o intumescimento excessivo. Nas bactérias, também ocorre a existência de uma parede rígida. A penicilina é eficaz porque impede a síntese dessa estrutura nas bactérias e, como elas se encontram em meios hipotônicos, a entrada descontrolada de água acaba por fazê-las estourar.

As hemácias (glóbulos vermelhos do sangue), ao serem colocadas em soluções hipotônicas, também se rompem. É por essa razão que, ao administrarmos soro a um indivíduo, precisamos usar soluções isotônicas.

Em soluções hipertônicas, as células tendem a se contrair (especialmente as dos animais), enrugando-se de modo a perder o formato original.

Figura 4.8 – Pressão osmótica

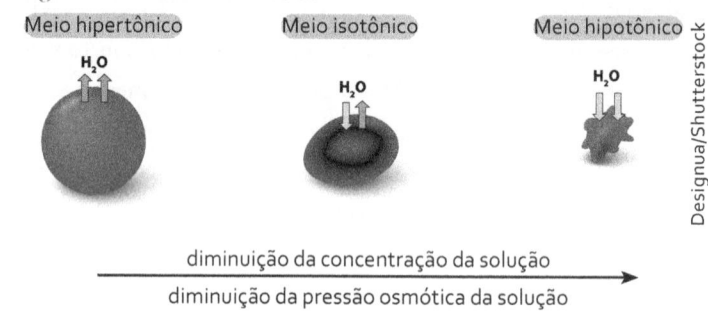

| Meio hipertônico | Meio isotônico | Meio hipotônico |

diminuição da concentração da solução
diminuição da pressão osmótica da solução

Fonte: Adaptado de Fogaça, 2017d.

4.6.1 Animais aquáticos

Os animais que vivem na água doce apresentam uma concentração de sais no interior de suas células que é superior à da água em que vivem. Pelo fenômeno da osmose, há a tendência de a água externa entrar nas células para igualar as concentrações de sais. Entretanto, esses seres têm um mecanismo que impede que as suas células estourem, fazendo com que o excesso de água saia delas. Já as espécies que vivem em ambientes marinhos dispõem do mecanismo inverso, que impede que a água saia continuamente de suas células, evitando que eles se desidratem.

É por essa razão que muitos animais não podem habitar um meio diferente daquele no qual vivem. Quando altas concentrações de substâncias são lançadas nas águas dos rios, elas podem ocasionar a morte de seres aquáticos, especialmente os microscópios. A água doce lançada no mar em grande quantidade também pode causar o mesmo tipo de desequilíbrio.

Figura 4.9 – Exemplo de osmose

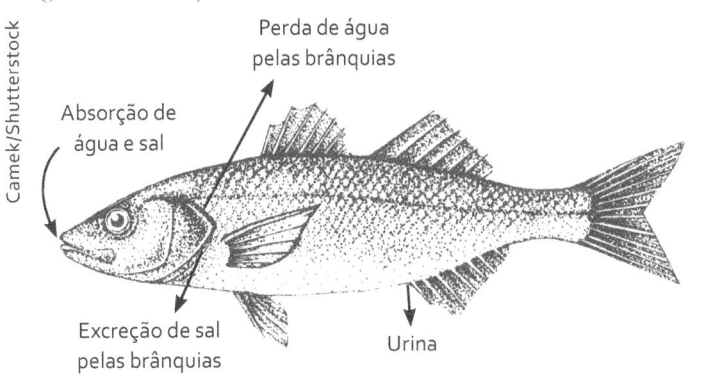

Camek/Shutterstock

- Perda de água pelas brânquias
- Absorção de água e sal
- Excreção de sal pelas brânquias
- Urina

Fonte: Adaptado de Osmorregulação ..., 2017.

Osmose e conservação de alimentos

O fenômeno da osmose provoca a saída de água das células os alimentos, o que torna desfavoráveis as condições de crescimento e de reprodução de microrganismos responsáveis pela sua deterioração (Masterton; Hurley, 2010).

Síntese

Neste capítulo, analisamos algumas reações químicas de soluções, como a neutralização, a precipitação, a complexação, a oxidação e a redução. Vimos que elas estão presentes em muitos objetos do nosso cotidiano e também em processos naturais, a exemplo da ferrugem e da oxidação de alimentos. Observamos que as equações que retratam a oxidação e a redução podem ser balanceadas tanto pelo método do número de oxidação (NOX).

Também comentamos sobre a importância das reações ácido e base, sobretudo quantos às suas aplicações na química ambiental, nos processos de correção do fator pH dos recursos naturais e nos tratamentos físico-químicos que devem ser realizados em materiais e produtos para que tenham seus descartes realizados de forma ambientalmente correta.

Uma dessas formas trata da eliminação de metais pesados usados nas atividades industriais, e é realizada pela reação de complexação, com o uso de diferentes elementos químicos, que capturam esses metais e os separam da água, realizando a sua descontaminação.

Questões para revisão

1. Quais procedimentos devemos adotar para evitar a corrosão de uma haste de ferro?

2. Quais elementos podem agir como *anodo de sacrifício* (metal menos nobre que envolve outro metal de maior valor para sofrer corrosão no lugar deste) para o ferro?

3. (Adaptado de Cespe/UNB – 2013 – SEE/Al) Apesar de o fósforo ser um importante elemento na composição dos fertilizantes, especialistas alertam as pessoas para o fato de que as reservas de rochas de fosfato do mundo estão acabando, e se referem a esse cenário como "pico do fósforo". Uma crise de fosfato seria, no mínimo, tão séria quanto uma crise do petróleo; porém, enquanto o petróleo pode ser substituído por outras fontes de energia, ainda não se conhece alternativa para o fósforo. Ainda estão em fase inicial as explorações de novas fontes para solucionar o problema da escassez das reservas de fosfato. O fósforo está presente em todas

as células do organismo de todos os seres vivos. Animais e plantas dependem desse elemento para viver. Métodos para retirar materiais do esgoto estão sendo testados, visto que o esgoto apresenta grandes quantidades de fósforo. Será que reciclar o esgoto é a solução?

Considerando o texto acima e os múltiplos aspectos que ele suscita, julgue os itens a seguir.

a) O aporte de esgotos e efluentes de terras agrícolas fertilizadas pode causar incremento de fósforo em ambientes aquáticos, o que diminui a produtividade primária desses ecossistemas e favorece a eutrofização.

b) O fósforo tem um papel importante na constituição do DNA, pois as duas cadeias polinucleotídicas são unidas por meio de ligações fosfodiéster.

c) O ciclo do fósforo é complexo, pois envolve múltiplas reações de oxirredução visto que as plantas não são capazes de absorver os íons fosfato (PO_3^{-4}) diretamente do solo ou da água.

d) O fósforo não se encontra livre na natureza, mas em combinações como os fosfatos.

e) O fósforo é essencial para todos os organismos vivos. As plantas não necessitam de fósforo para o crescimento e a maturidade normais.

4. (Adaptado de Inep – 2013 – Enem) Eu também podia decompor a água, se fosse salgada ou acidulada, usando a pilha de Daniell como fonte de força. Lembro o prazer extraordinário que sentia ao decompor um pouco de água em uma taça para ovos quentes, vendo-a separar-se em seus elementos, o oxigênio em um eletrodo, o hidrogênio no outro. A eletricidade

de uma pilha de 1 volt parecia tão fraca, e, no entanto, podia ser suficiente para desfazer um composto químico, a água [...].

SACKS, O. Tio Tungstênio: memórias de uma infância química. São Paulo: Cia das Letras, 2002.

O fragmento do romance de Oliver Sacks relata a separação dos elementos que compõem a água. O princípio do método apresentado é utilizado industrialmente na:

a) obtenção de ouro a partir de pepitas.
b) obtenção de calcário a partir de rochas.
c) obtenção de alumínio a partir de bauxita.
d) obtenção de ferro a partir de seus óxidos.
e) obtenção de amônia a partir de hidrogênio e nitrogênio.

5. (Cespe – 2013b – Sesa/Es) Em uma farmácia de manipulação, a água purificada utilizada na manipulação deve ser obtida a partir da água potável, tratada em um sistema que assegure a obtenção da água com especificações farmacopeicas, conforme legislação vigente. Atualmente, uma das técnicas mais aplicadas é a osmose reversa. Acerca dessa técnica de tratamento de água, assinale a opção correta.

a) A osmose reversa produz o deslocamento do solvente entre dois meios de solução com concentrações diferentes, separados por uma membrana semipermeável. Durante o tratamento, o solvente se desloca do meio hipertônico para o meio hipotônico, tendo-se, ao final do processo, o isolamento do soluto e a obtenção da água purificada.

b) A osmose reversa ocorre pelo deslocamento do solvente entre dois meios de solução com concentrações diferentes, separados por uma membrana semipermeável. Durante o tratamento, o solvente se desloca do meio hipotônico para o meio hipertônico, tendo-se, ao final do processo, o isolamento do soluto e a obtenção da água purificada.

c) A osmose reversa ocorre pela mistura do soluto entre dois meios de solução com concentrações diferentes, separados por uma membrana semipermeável. Durante o tratamento, o soluto se desloca do meio hipertônico para o meio hipotônico, tendo-se, ao final do processo, o isolamento do soluto e a obtenção da água purificada.

d) A osmose reversa ocorre pela mistura do solvente entre dois meios de solução com concentrações diferentes, separados por uma coluna de poro definido. Durante o tratamento, o solvente se desloca do meio hipotônico para o meio hipertônico, tendo-se, ao final do processo, o isolamento do soluto e a obtenção da água purificada.

e) A osmose reversa ocorre pelo deslocamento do solvente entre dois meios de solução com concentrações diferentes, separados por uma membrana semipermeável. Durante o tratamento, o solvente se desloca do meio hipertônico para o meio hipotônico e chega ao final do processo, quando os dois meios se encontram em equilíbrio de concentração.

Questões para reflexão

1. Porque é fundamental o cuidado com a concentração de soro administrado a um paciente por via endovenosa?

2. O que pode ocorrer se fizermos um doce em calda cujo teor de açúcar seja baixo?

Para saber mais

KOTZ, J. C.; TREICHEL, P. M.; WEAVER, G. C. Química geral e reações químicas. 6.ed. São Paulo: Cengage Learning, 2010.

Os autores apresentam os conceitos de reações químicas por meio de uma estrutura bastante didática. O livro conta com tópicos que introduzem conhecimentos necessários às experiências de laboratório feitas em cursos de química geral. Leitura indicada para quem sente necessidade de estudar conceitos básicos e explicações detalhadas de química.

MASTERTON, W. L.; SLOWINSKI, E. J.; STANITSKI, C. L. Princípios de química. 6. ed. Tradução de Jossyl de S. Peixoto. Rio de Janeiro: Guanabara Koogan, 1990.

Literatura indispensável de química geral para quem tem dificuldades com conceitos e com termos iniciais sobre elementos químicos, reações químicas etc. O didática e de fácil leitura.

STOKER, H. S. Introduction to Chemical Principles. 11. ed. New York: Pearson Prentice Hall, 2013.

Leitura interessante e informativa que oferece aos leitores confiança e conhecimento necessários para o sucesso nos estudos de química geral. O autor enfatiza a resolução de problemas para fixação dos conceitos e, para isso, usa a análise dimensional sempre que possível. Obra indicada para aqueles que tiveram pouca ou nenhuma instrução anterior em química, ou para aqueles que querem uma revisão completa dos princípios químicos.

Estudo de caso

Produção de biodiesel com óleo de soja usado

Problema

Atualmente, muitas empresas estão utilizando óleo de cozinha usado na produção de biodiesel. Porém, um dos problemas existentes nesse processo é a saponificação, que ocorre na fase de formação do biodiesel. Quando, além do produto desejado, é gerado o sabão, ocorre uma emulsão, que é uma mistura formada por diferentes reagentes na qual não é possível separar as fases (os produtos utilizados na reação). Ou seja, em casos assim, não é possível recuperar o catalisador, composto usado para acelerar essa reação.

Portanto, umas das dúvidas que as empresas que adotam esse processo enfrentam é como evitar a saponificação e a consequente deterioração do catalisador.

Solução

As gorduras ou lipídios são compostos orgânicos que podem ser definidos como ésteres, que, ao reagirem com a água, sofrem hidrólise e liberam alguma substância indesejada, como um ácido graxo superior, um monoálcool graxo superior e, eventualmente, outros compostos. Na presença de um catalisador, seja o hidróxido de sódio (NaOH), seja o hidróxido de potássio (KOH), os ésteres formam sabão, devido à presença da água.

Na produção do biodiesel, é utilizada uma reação de transesterificação, na qual o óleo de cozinha usado reage com um catalisador na presença de um álcool – metanol (CH_3OH) ou etanol (C_2H_6O) –, formando o biodiesel (novo éster) e a glicerina, que é considerada um resíduo dessa reação, conforme demonstra a Figura A.

Figura A – Reação de transesterificação

$$\begin{array}{c} RCOO-CH_2 \\ | \\ RCOO-CH \\ | \\ RCOO-CH_2 \end{array} + 3\,R'OH \rightleftharpoons 3\,RCOOR' + \begin{array}{c} CH_2OH \\ | \\ CHOH \\ | \\ CH_2OH \end{array}$$

Triglicerídeos   Álcool   Éster   Glicerina

A saponificação, por sua vez, acontece devido à presença de água no processo, que causa a hidrólise do triglicerídeo, que depois reage com o hidróxido de sódio (Santos; Pinto, 2009), conforme a Figura B.

Figura B – Reação de saponificação

Óleo ou gordura + base inorgânica → sabão + glicerina

$$\begin{array}{c} R-\overset{O}{\underset{\|}{C}}-O-CH_2 \\ R-\overset{O}{\underset{\|}{C}}-O-CH_2 \\ R-\overset{O}{\underset{\|}{C}}-O-CH_2 \end{array} + 3\,NaOH \;(\text{Soda cáustica}) \;\rightarrow\; \begin{array}{c} R-\overset{O}{\underset{\|}{C}}-O^-Na^+ \\ R-\overset{O}{\underset{\|}{C}}-O^-Na^+ \\ R-\overset{O}{\underset{\|}{C}}-O^-Na^+ \end{array} + \begin{array}{c} OH-CH_2 \\ OH-CH_2 \\ OH-CH_2 \end{array}$$

Triglicerídeo — Sabão — Glicerina

Essa água pode ser oriunda do álcool utilizado, pois, se ele não apresentar um teor de pureza satisfatório (acima dos 95%), a água presente em sua composição saponifica rapidamente o óleo e o catalisador. Dessa maneira, deve-se utilizar um álcool anidro, que apresente o mínimo de umidade possível, ou seja, a presença de água deve ser baixa.

Há, ainda, outros parâmetros que devem ser considerados para garantir que a saponificação não ocorra, como a presença de agitação constante durante a reação, a temperatura e a pressão do laboratório, entre outros (Santos; Pinto, 2009). Além disso, a reação de transesterificação também é influenciada pelas propriedades físico-químicas do óleo utilizado. Embora não exista uma especificação oficial para que essa substância seja empregada na produção de biodiesel, estudos revelaram que altos índices de acidez e de umidade reduzem o rendimento da reação (Canacki; Van Gerpen, 2001).

Fonte: Elaborado com base em Canakci;
Van Gerpen, 2001; Santos; Pinto, 2009.

Para concluir...

Ao longo deste livro, apresentamos fundamentos, conceitos e metodologias essenciais para o estudo da química ambiental na expectativa de que os assuntos discutidos se revelem em seu cotidiano de forma que exemplos práticos contribuam para a sua formação acadêmica e profissional. Nesse sentido, desenvolvemos temas relevantes sobre as questões ambientais e sobre como podemos usar o conhecimento químico para garantir um desenvolvimento sustentável aliado à melhora da qualidade de vida da humanidade.

Entre os percursos possíveis para abordarmos a questão do meio ambiente, escolhemos enfatizar a relação entre a sociedade e a natureza, privilegiando a perspectiva sistêmica e complexa. Essa opção nos possibilitou demonstrar que a química ambiental se caracteriza como um campo geral ao qual convergem distintas áreas de conhecimento, o que pressupõe a adoção de uma concepção interdisciplinar sobre o assunto. Dessa maneira, os ciclos biogeoquímicos que perpassam a relação entre a sociedade e a natureza serviram como guia no estudo entre as especificidades da química, os aspectos sistêmicos do meio natural e como ambos reagem mediante as intervenções antrópicas.

Investigamos a origem da química ambiental sob os pontos de vista epistemológico, sociológico, político e econômico e discutimos sobre o cenário em que ela se insere na atualidade, sobretudo na sua atuação sobre questões voltadas para a natureza. Dessa forma, destacamos as mudanças na visão dos papéis do homem e da sociedade no que tange aos recursos naturais e os efeitos de suas ações na atual crise ambiental. Apesar de essa ser uma discussão ampla, ela é pré-requisito para a compreensão das causas – e das consequências – dos problemas globais que estamos enfrentando. Assim, vimos que o aporte histórico da ação humana explica os processos de exploração, de apropriação e de domínio sobre o meio ambiente, que culminou em modelos de produção despreocupados com o delicado equilíbrio natural.

Estabelecemos como marco temporal do início dos problemas ambientais a Revolução Industrial pois, a partir desse período, os impactos tornaram-se sistêmicos, intensos e velozes em escala planetária. A dimensão e a magnitude desses problemas desde então representam um critério mensurável diante das alterações biogeoquímicas no ar, na água e no solo.

Destacamos também os processos de gestão ambiental especialmente no que diz respeito ao despertar de consciência e de interesse das indústrias – e da sociedade em geral – para as questões emergenciais e pertinentes à vida em nosso planeta. Assim, pudemos observar que nosso desafio como profissionais e sobretudo como cidadãos consiste primeiramente em reconhecer os problemas existentes, questionar as suas origens e gerenciar os impactos provenientes deles, estabelecendo propostas de intervenção que minimizem os efeitos das atividades humanas em suas distintas formas.

Diante da dinâmica natural – sem nos esquecermos da parte humana –, resgatamos a unificação da teoria e da prática para efetivação da gestão ambiental, evitando distanciamentos metodológicos ou a fragmentação do conhecimento e o esvaziamento da realidade, que são, ambos, indissociáveis. Nesse contexto, buscamos provocar em você a noção de que, não obstante o mundo esteja em constante transformação, devemos questioná-la em relação aos impactos ambientais que ela traz e sobre a nossa condição de agentes e pacientes das nossas próprias ações.

Referências

ABIQUIM – Associação Brasileira da Indústria Química. Programa Atuação Responsável: histórico de desempenho. São Paulo: Abiquim, 2013. Disponível em: <http://www.abiquim.org.br/pdf/Atuacao_Responsavel_Abiquim_2013_interativo.pdf>. Acesso em: 25 set. 2017.

ABNT – Associação Brasileira de Normas Técnicas. NBR 10004: resíduos sólidos – classificação. Rio de Janeiro, 2004a.

_____. NBR 13969: tanques sépticos – unidades de tratamento complementar e disposição final dos efluentes líquidos – projeto, construção e operação. Rio de Janeiro, 1997.

_____. NBR ISO 14001: sistemas de gestão ambiental – requisitos com orientações para uso. 2. ed. Rio de Janeiro: 2004b.

_____. O que é certificação e como obtê-la? Disponível em: <http://www.abnt.org.br/certificacao/o-que-e>. Acesso em: 25 set. 2017.

ABRAMOWAY, R. Muito além da economia verde. São Paulo: Planeta Sustentável, 2012.

AB'SÁBER, A. N. Degradação da natureza no Brasil: a identificação de áreas críticas. Inter Facies, São José do Rio Preto, n. 107, p. 1-39, 1982.

ALISSON, E. Química poderá dar a maior contribuição para solucionar desafios globais. Agência Fapesp, Porto Seguro, 5 jul. 2016. Disponível em: <http://agencia.fapesp.br/quimica_podera_dar_a_maior_contribuicao_para_solucionar_desafios_globais/23502/>. Acesso em: 22 set. 2017.

ALVES JR., S. Química inorgânica experimental. 2004. Disponível em: <http://www.ebah.com.br/content/ABAAAeutEAC/apostila-inorg-exp-2004-2-ufpe?part=2>. Acesso em: 10 out. 2017.

AMBIENTE Brasil. O ciclo hidrológico. Disponível em: <http://ambientes.ambientebrasil.com.br/saneamento/abastecimento_de_agua/o_ciclo_hidrologico.html>. Acesso em: 9 out. 2017.

ANA – Agência Nacional de Águas. Levantamento da agricultura irrigada por pivôs centrais no Brasil – 2014: relatório síntese. Brasília: ANA, 2016. Disponível em: <http://arquivos.ana.gov.br/imprensa/arquivos/ProjetoPivos.pdf>. Acesso em: 25 set. 2017.

ARTAXO, P. Mudanças climáticas e o Brasil. Revista USP, São Paulo, n. 103, p. 8-12, 2014a. Disponível em: <http://www.revistas.usp.br/revusp/article/view/99191/97658>. Acesso em: 25 set. 2017.

ARTAXO, P. Uma nova era geológica em nosso planeta: o Antropoceno? Revista USP, São Paulo, n. 103, p. 13-24, 2014b. Disponível em: <http://www.revistas.usp.br/revusp/article/view/99279/97695>. Acesso em: 25 set. 2017.

ATKINS, P.; DE PAULA, J. Físico-química. 9. ed. Tradução de Edilson Clemente da Silva, Márcio José Estillac de Mello Cardoso e Oswaldo Esteves Barcia. Rio de Janeiro: LTC, 2012. v. 1.

ATKINS, P.; JONES, L. Princípios de química: questionando a vida moderna e o meio ambiente. 5. ed. Tradução de Ricardo Bicca de Alencastro. Porto Alegre: Bookman, 2012.

BAGLIONI, L. M. Inovação, competitividade e desempenho das empresas: um estudo no setor de cosméticos. 78 f. Monografia (Graduação em Ciências Econômicas) – Universidade Estadual de Campinas, 2016. Disponível em: <www.bibliotecadigital.unicamp.br/document/?down=000975524>. Acesso em: 25 set. 2017.

BAIRD, C. Química ambiental. 2. ed. Tradução de Maria Angeles, Lobo Recio e Luiz Carlos Marques Carrerá. Porto Alegre: Bookman, 2002.

BANHO de níquel eletrolítico. Contrês: tratamento de superfícies. Disponível em: <http://www.contrests.com.br/banho-niquel-eletrolitico>. Acesso em: 25 set. 2017.

BARBOSA, L. C. de A. Introdução à química orgânica. 2. ed. São Paulo: Pearson Prentice Hall, 2011.

BARQUEIRO, R. Tabela periódica da Iupac. Átomo e meio. 28 set. 2009. Disponível em: <http://atomoemeio.blogspot.com.br/2009/09/tabela-periodica-da-iupac.html>. Acesso em: 25 set. 2017.

BECK, U. La sociedad del riesgo global. Madrid: Siglo XXI de España, 2002.

BERTALANFFY, K. L. von. Teoria geral dos sistemas. Petrópolis: Vozes, 1975.

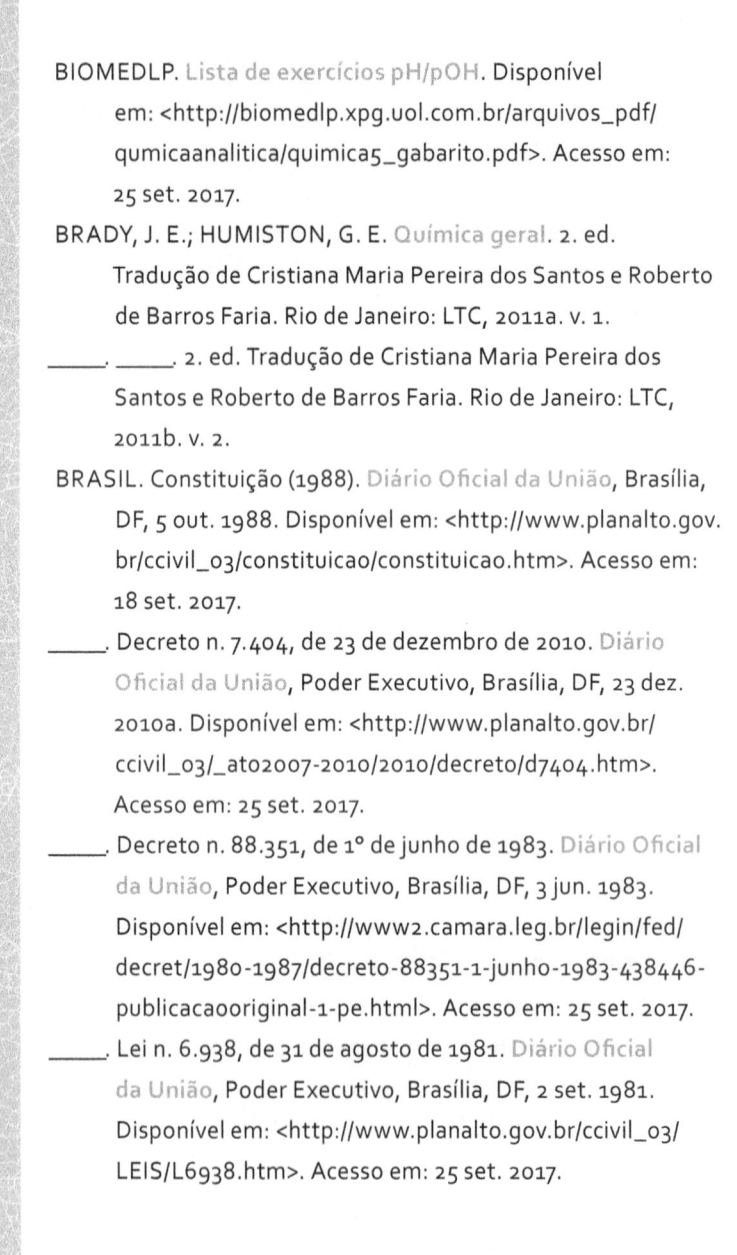

BIOMEDLP. Lista de exercícios pH/pOH. Disponível em: <http://biomedlp.xpg.uol.com.br/arquivos_pdf/qumicaanalitica/quimica5_gabarito.pdf>. Acesso em: 25 set. 2017.

BRADY, J. E.; HUMISTON, G. E. Química geral. 2. ed. Tradução de Cristiana Maria Pereira dos Santos e Roberto de Barros Faria. Rio de Janeiro: LTC, 2011a. v. 1.

_____. _____. 2. ed. Tradução de Cristiana Maria Pereira dos Santos e Roberto de Barros Faria. Rio de Janeiro: LTC, 2011b. v. 2.

BRASIL. Constituição (1988). Diário Oficial da União, Brasília, DF, 5 out. 1988. Disponível em: <http://www.planalto.gov.br/ccivil_03/constituicao/constituicao.htm>. Acesso em: 18 set. 2017.

_____. Decreto n. 7.404, de 23 de dezembro de 2010. Diário Oficial da União, Poder Executivo, Brasília, DF, 23 dez. 2010a. Disponível em: <http://www.planalto.gov.br/ccivil_03/_ato2007-2010/2010/decreto/d7404.htm>. Acesso em: 25 set. 2017.

_____. Decreto n. 88.351, de 1º de junho de 1983. Diário Oficial da União, Poder Executivo, Brasília, DF, 3 jun. 1983. Disponível em: <http://www2.camara.leg.br/legin/fed/decret/1980-1987/decreto-88351-1-junho-1983-438446-publicacaooriginal-1-pe.html>. Acesso em: 25 set. 2017.

_____. Lei n. 6.938, de 31 de agosto de 1981. Diário Oficial da União, Poder Executivo, Brasília, DF, 2 set. 1981. Disponível em: <http://www.planalto.gov.br/ccivil_03/LEIS/L6938.htm>. Acesso em: 25 set. 2017.

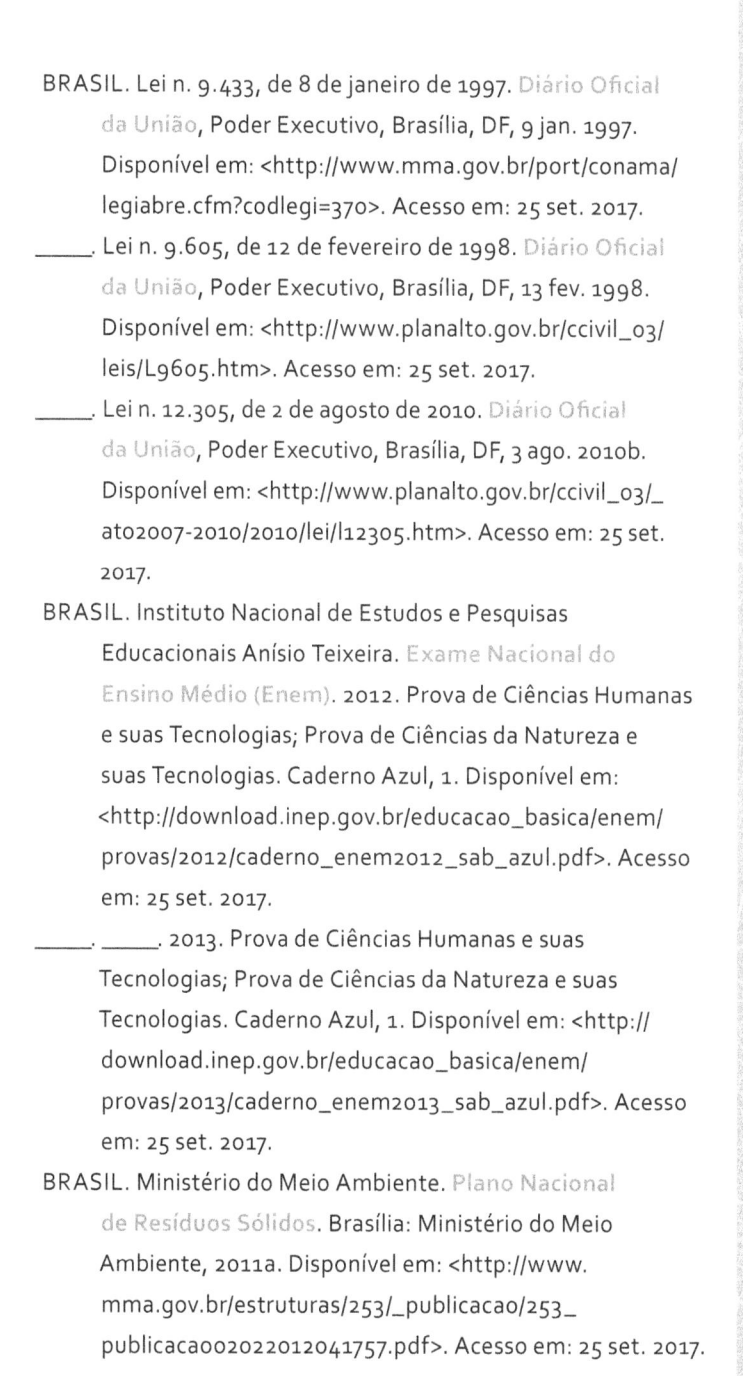

BRASIL. Lei n. 9.433, de 8 de janeiro de 1997. Diário Oficial da União, Poder Executivo, Brasília, DF, 9 jan. 1997. Disponível em: <http://www.mma.gov.br/port/conama/legiabre.cfm?codlegi=370>. Acesso em: 25 set. 2017.

_____. Lei n. 9.605, de 12 de fevereiro de 1998. Diário Oficial da União, Poder Executivo, Brasília, DF, 13 fev. 1998. Disponível em: <http://www.planalto.gov.br/ccivil_03/leis/L9605.htm>. Acesso em: 25 set. 2017.

_____. Lei n. 12.305, de 2 de agosto de 2010. Diário Oficial da União, Poder Executivo, Brasília, DF, 3 ago. 2010b. Disponível em: <http://www.planalto.gov.br/ccivil_03/_ato2007-2010/2010/lei/l12305.htm>. Acesso em: 25 set. 2017.

BRASIL. Instituto Nacional de Estudos e Pesquisas Educacionais Anísio Teixeira. Exame Nacional do Ensino Médio (Enem). 2012. Prova de Ciências Humanas e suas Tecnologias; Prova de Ciências da Natureza e suas Tecnologias. Caderno Azul, 1. Disponível em: <http://download.inep.gov.br/educacao_basica/enem/provas/2012/caderno_enem2012_sab_azul.pdf>. Acesso em: 25 set. 2017.

_____. _____. 2013. Prova de Ciências Humanas e suas Tecnologias; Prova de Ciências da Natureza e suas Tecnologias. Caderno Azul, 1. Disponível em: <http://download.inep.gov.br/educacao_basica/enem/provas/2013/caderno_enem2013_sab_azul.pdf>. Acesso em: 25 set. 2017.

BRASIL. Ministério do Meio Ambiente. Plano Nacional de Resíduos Sólidos. Brasília: Ministério do Meio Ambiente, 2011a. Disponível em: <http://www.mma.gov.br/estruturas/253/_publicacao/253_publicacao02022012041757.pdf>. Acesso em: 25 set. 2017.

BRASIL. Ministério do Meio Ambiente. Poluentes atmosféricos. Disponível em: <http://www.mma.gov.br/cidades-sustentaveis/qualidade-do-ar/poluentes-atmosf%C3%A9ricos>. Acesso em: 25 set. 2017.

BRASIL. Ministério do Meio Ambiente. Conselho Nacional do Meio Ambiente. Resolução n. 1, de 23 de janeiro de 1986. Diário Oficial da União, Poder Executivo, Brasília, DF, 17 fev. 1986. Disponível em: <http://www.mma.gov.br/port/conama/res/res86/res0186.html>. Acesso em: 25 set. 2017.

_____. Resolução n. 3, de 28 de junho de 1990. Diário Oficial da União, Poder Executivo, Brasília, DF, 22 ago. 1990. Disponível em: <http://www.mma.gov.br/port/conama/legiabre.cfm?codlegi=100>. Acesso em: 25 set. 2017.

_____. Resolução n. 306, de 5 de julho de 2002. Diário Oficial da União, Brasília, DF, 19 jul. 2002. Disponível em: <http://www.mma.gov.br/port/conama/res/res02/res30602.html>. Acesso em: 25 set. 2017.

_____. Resolução n. 357, de 17 de março de 2005. Diário Oficial da União, Poder Executivo, Brasília, DF, 18 mar. 2005. Disponível em: <http://www.mma.gov.br/port/conama/legiabre.cfm?codlegi=459>. Acesso em: 25 set. 2017.

_____. Resolução n. 375, de 29 de agosto de 2006. Diário Oficial da União, Poder Executivo, Brasília, DF, 30 ago. 2006. Disponível em: <http://www.mma.gov.br/port/conama/res/res06/res37506.pdf>. Acesso em: 25 set. 2017.

_____. Resolução n. 396, de 3 de abril de 2008. Diário Oficial da União, Poder Executivo, Brasília, DF, 7 abr. 2008. Disponível em: <http://www.mma.gov.br/port/conama/legiabre.cfm?codlegi=562>. Acesso em: 25 set. 2017.

BRASIL. Ministério do Meio Ambiente. Conselho Nacional do Meio Ambiente. Resolução n. 430, de 13 de maio de 2011. Diário Oficial da União, Poder Executivo, Brasília, DF, 16 maio 2011b. Disponível em: <http://www.mma.gov.br/port/conama/legiabre.cfm?codlegi=646>. Acesso em: 25 set. 2017.

BRASSEUR, G. P.; ORLANDO, J. J.; TYNDALL, G. S. Atmospheric Chemistry and Global Change. New York: Oxford University Press, 1999.

BRODY, D. E.; BRODY, A. R. As sete maiores descobertas científicas da história e seus autores. São Paulo: Companhia das Letras, 2000.

BUCKERIDGE, M. S. Biologia e as mudanças climáticas no Brasil. São Carlos: Rima, 2008.

CAMARGO, L. H. R. de. A geoestratégia da natureza: a geografia da complexidade e a resistência à possível mudança no padrão ambiental planetário. Rio de Janeiro: Bertrand Brasil, 2012.

CANACKI, M., VAN GERPEN, J. H. The Performance and Emissions of a Diesel Engine Fueled with Biodiesel from Yellow Grease and Soybean Oil. In: ASAE ANNUAL INTERNATIONAL MEETING, 2001, Sacramento, California, USA. Proceedings... Disponível em: <https://pdfs.semanticscholar.org/d67d/b67283a79f3bb00c5fd d05e3eaea736da119.pdf>. Acesso em: 25 set. 2017.

CAMPOS, E. J. D. O papel do oceano nas mudanças climáticas globais. Revista USP, São Paulo, n. 103, p. 55-66, 2014. Disponível em: <www.revistas.usp.br/revusp/article/download/99184/97650>. Acesso em: 25 set. 2017.

CAPRA, F. As conexões ocultas: ciência para uma vida sustentável. Tradução de Marcelo Brandão Cipolla. São Paulo: Cultrix, 2002.

____. A teia da vida: uma nova compreensão científica dos sistemas vivos. Tradução de Newton Roberval Eichemberg. São Paulo: Cultrix, 1997.

____. ____. 13. ed. Tradução de Newton Roberval Eichemberg. São Paulo: Cultrix, 2012.

CAPUTO, H. P. Mecânica dos solos e suas aplicações. 6. ed. São Paulo: LTC, 1988. vol. 1.

CARDOSO, M. Escala de pH. Infoescola. Disponível em: <http://www.infoescola.com/quimica/escala-de-ph/>. Acesso em: 25 set. 2017.

CARVALHO, W. Infográfico: dados mostram panorama mundial de situação da água. Boavontade.com, 30 maio 2014. Ecologia. Disponível em: <http://www.boavontade.com/pt/ecologia/infografico-dados-mostram-panorama-mundial-da-situacao-da-agua>. Acesso em: 21 set. 2017.

CASTELLAN, G. W. Fundamentos de físico-química. Rio de Janeiro: LTC, 1986.

CASTELLS, M. A Sociedade em rede: a era da informação – economia, sociedade e cultura. São Paulo: Paz e Terra, 1999. v. 1.

CAVALCANTI, C. Concepções da economia ecológica: suas relações com a economia dominante e a economia ambiental. Estudos Avançados, São Paulo, v. 24, n. 68, p. 53-67, 2010. Disponível em: <http://www.scielo.br/pdf/ea/v24n68/07.pdf>. Acesso em: 25 set. 2017.

CAVALCANTI, C. Economia e ecologia: problemas da governança ambiental no Brasil. Revibec: Revista Iberoamericana de Economia Ecológica, v. 1, p. 1-10, 2004. Disponível em: <http://www.raco.cat/index.php/Revibec/article/view/38276/38150>. Acesso em: 25 set. 2017.

CAVALCANTI, C. (Org.). Meio ambiente, desenvolvimento sustentável e políticas públicas. São Paulo: Cortez, 1997.

CESPE – Centro de Seleção e de Promoção de Eventos. UNB – Universidade de Brasília. Secretaria de Estado e da Educação e do Esporte de Alagoas – SEE/Al. 2013a. Concurso público. Disponível em:<http://www.cespe.unb.br/concursos/SEE_AL_13/arquivos/SEEAL13_003_05.pdf> Acesso em: 25 set. 2017.

_____. Secretaria de Estado de Gestão e Recursos Humanos/ Secretaria de Estado de Saúde do Espírito Santo – Sesa/Es. 2013b. Disponível em: <http://www.cespe.unb.br/concursos/SESA_ES_13/arquivos/SESAES13_057_59.pdf> Acesso em: 25 set. 2017.

CFQ – Conselho Federal de Química. Resolução Normativa n. 133, de 26 de junho de 1992. Diário Oficial da União, Brasília, DF, 3 jun. 1992. Disponível em: <http://www.cfq.org.br/rn/RN133.htm>. Acesso em: 25 set. 2017.

CGEE – Centro de Gestão e Estudos Estratégicos. Química verde no Brasil: 2010-2030. Brasília: CGEE, 2010. Disponível em: <www.cgee.org.br/atividades/redirect.php?idProduto=6528>. Acesso em: 25 set. 2017.

CHRISTOFOLETTI, A. Análise de sistemas em geografia: introdução. São Paulo: Hucitec, 1979.

CLIVAR – Climate and Ocean – Variability, Predictability, and Change. Disponível em: <http://www.clivar.org/publications>. Acesso em: 21 set. 2017.

COLOIDES e dispersões. Química em Ação. Disponível em: <https://www.quimicaemacao.com.br/blog/13-coloides-e-dispersoes>. Acesso em: 22 set. 2017.

COMISSÃO DA CARTA DA TERRA. Carta da Terra. Paris: Comissão da Carta da Terra, 2000. Disponível em: <http://www.mma.gov.br/estruturas/agenda21/_arquivos/carta_terra.pdf>. Acesso em: 22 set. 2017.

COMISSÃO MUNDIAL SOBRE O MEIO AMBIENTE E O DESENVOLVIMENTO. Nosso futuro comum. 2. ed. Rio de Janeiro: FGV, 1991.

COMO FUNCIONAM os catalisadores. Salão do Carro, 2012. Disponível em: <https://salaodocarro.com.br/como-funciona/catalisadores.html>. Acesso em: 22 set. 2017.

CONFALONIERI, U. E. C. Variabilidade climática, vulnerabilidade social e saúde no Brasil. Revista Terra Livre, São Paulo, v. 1, n. 20, p. 193-204, jan./jul. 2003. Disponível em: <goo.gl/gp9Vaf>. Acesso em: 25 set. 2017.

CONFERENCE IN HONOR OF THE ATMOSFERIC CHEMIST PAUL CRUTZEN. MPIC – Max Planck Institute for Chemistry. Oct. 14th 2013. Disponível em: <http://www.mpic.de/en/news/press-information/news/conference-in-honor-of-the-atmospheric-chemist-paul-crutzen.html>. Acesso em: 25 set. 2017.

CÓNSUL, J. M. D. et al. Decomposição catalítica de óxidos de nitrogênio. Química Nova, São Paulo, v. 27, n. 3, p. 432-440, maio/jun. 2004. Disponível em: <http://quimicanova.sbq.org.br/imagebank/pdf/Vol27No3_432_12-RV03041.pdf>. Acesso em: 25 set. 2017.

CONTI, J. B.; FURLAN, S. A. Geoecologia: o clima, os solos e a biota. In: ROSS, J. L. S. (Org.). Geografia do Brasil. 5. ed. São Paulo: Edusp, 2005. (Série Didática). p. 67-207. v. 3.

CONVERSOR catalítico. Portal São Francisco. Disponível em: <http://www.portalsaofrancisco.com.br/sem-categoria/conversor-catalitico>. Acesso em: 25 set. 2017.

CORREA, A. G.; ZUIN, V. G. Princípios fundamentais da química verde. In: CORREA, A. G.; ZUIN, V. G. (Org.). Química verde: fundamentos e aplicações. São Carlos: Edufscar, 2009. p. 9-22.

CORREA, A. G.; ZUIN, V. G. Química verde: histórico e sua inserção na agenda brasileira. Conselho Regional de Química – IV Região. Disponível em: <http://www.crq4.org.br/informativomat_1044>. Acesso em: 25 set. 2017.

CROSARA, L. O que são alimentos antioxidantes? Lucyane Crosara: Alimento, movimento e alma. 22 abr. 2015. Disponível em: <https://lucrosara.com/2015/04/22/o-que-sao-alimentos-antioxidantes/>. Acesso em: 22 set. 2017.

CURVAS de solubilidade. Colégio Web. 1º jan. 2012. Disponível em: <https://www.colegioweb.com.br/solucoes/curvas-de-solubilidade.html>. Acesso em: 25 set. 2017.

DALY, H. Políticas para o desenvolvimento sustentável. In: CAVALCANTI, C. (Org.). Meio ambiente, desenvolvimento sustentável e políticas públicas. São Paulo: Cortez, 1997. p. 179-192.

DAMINELI, A.; DAMINELI, D. S. C. Origens da vida. Estudos Avançados, São Paulo, v. 21, n. 59, p. 263-284, 2007. Disponível em: <http://www.revistas.usp.br/eav/article/view/10222>. Acesso em: 25 set. 2017.

DECICINO, R. Atmosfera: camada gasosa é fundamental para vida. UOL Educação, 26 jun. 2007. Geografia. Disponível em: <https://educacao.uol.com.br/disciplinas/geografia/atmosfera-camada-gasosa-e-fundamental-para-vida.htm>. Acesso em: 21 set. 2017.

DE MEIS, L. O método científico: como o saber mudou a vida do homem – uma peça em 1 ato e 20 cenas. Rio de Janeiro: Vieira & Lent, 2005.

DERISIO, J. C. Introdução ao controle de polução ambiental. São Paulo: Signus, 2007.

DIAS, D. L. Misturas. Escola Kids. Disponível em: <http://escolakids.uol.com.br/misturas.htm>. Acesso em: 25 set. 2017.

DOW, K.; DOWNING, T. E. Atlas da mudança climática: o mapeamento completo do maior desafio do planeta. São Paulo: Publifolha, 2007.

DREW, D. Processos interativos homem-meio ambiente. 2. ed. Tradução de João Alves dos Santos. Rio de Janeiro: Bertrand Brasil, 1983.

____. ____. 7. ed. Tradução de João Alves dos Santos. Rio de Janeiro: Bertrand Brasil, 2010.

DLUGOKENCKY, E.; TANS, P. Trends in Atmospheric Carbon Dioxide. NOOA – National Oceanic & Atmospheric Administration. Earth System Research Laboratory. Global Monitoring Division. 2017. Disponível em: <https://esrl.noaa.gov/gmd/ccgg/trends/global.html>. Acesso em: 25 set. 2017.

EEROLA, T. T. Mudanças climáticas globais: passado, presente e futuro. In: FÓRUM DE ECOLOGIA; MUDANÇAS CLIMÁTICAS: PASSADO, PRESENTE E FUTURO, 2003, Florianópolis. Anais... Florianópolis: Instituto de

Ecologia Política, 2003. Disponível em: <http://www.helsinki.fi/aluejakulttuurintutkimus/tutkimus/xaman/articulos/2004_01/mudancas_climaticas_globais.pdf>. Acesso em: 25 set. 2017.

EISENHAMMER, S. Catástrofe em Mariana deverá afetar ecossistema por anos. Exame, 15 nov. 2015. Disponível em: <http://exame.abril.com.br/brasil/catastrofe-em-mariana-devera-afetar-ecossistema-por-anos/>. Acesso em: 21 set. 2017.

EQUIPE DA LUZ É INVENCÍVEL. Projeto transição da Terra: a grande hora da mudança – a nova era geológica do planeta – sustentabilidade – parte 2. A Luz é Invencível, 10 jan. 2016. Disponível em: <https://portal2013br.wordpress.com/2016/01/10/projeto-transicao-da-terra-a-grande-hora-da-mudanca-parte-2/#comments>. Acesso em: 9 out. 2017.

FELICIO, R. A. E os oceanos?: Aplicação da teoria dos sistemas no ensino da influência dos fatores oceânicos na variabilidade climática. In: SIMPÓSIO BRASILEIRO DE GEOGRAFIA FÍSICA APLICADA, 13., Viçosa, 2009. Anais... Disponível em: <http://www.fakeclimate.com/arquivos/ArtigosFake/EosOceanos.pdf>. Acesso em: 25 set. 2017.

FELTRE, R. Química. Ensino médio. 6. ed. São Paulo: Moderna, 2004. v. 1.

____. ____. Ensino médio. 7. ed. São Paulo: Moderna, 2008. v. 1.

FERREIRA, T. Brasil tem 12% da reserva de água doce do mundo. Jornal da Globo, 19 ago. 2015. Disponível em: <http://g1.globo.com/jornal-da-globo/noticia/2015/08/com-12-da-reserva-de-agua-doce-do-mundo-brasil-sofre-com-escassez.html>. Acesso em: 10 out. 2017.

FOGAÇA, J. R. V. Constante de equilíbrio. Mundo Educação. Disponível em: <http://mundoeducacao.bol.uol.com.br/quimica/constante-equilibrio.htm>. Acesso em: 25 set. 2017a.

_____. Ligas Metálicas. Brasil Escola. Disponível em <http://brasilescola.uol.com.br/quimica/ligas-metalicas.htm>. Acesso em: 10 out. 2017b.

_____. Pilha de Daniell. Mundo Educação. Disponível em: <http://mundoeducacao.bol.uol.com.br/quimica/pilha-daniell.htm>. Acesso em: 25 set. 2017c.

_____. Pressão osmótica. Mundo Educação. Disponível em: <http://mundoeducacao.bol.uol.com.br/quimica/pressao-osmotica.htm>. Acesso em: 25 set. 2017d.

_____. Solubilidade e saturação. Mundo Educação. Disponível em: <http://mundoeducacao.bol.uol.com.br/quimica/solubilidade-saturacao.htm>. Acesso em: 25 set. 2017e.

_____. Teoria ácido-base Brönsted-Lowry. Mundo Educação. Disponível em: <http://mundoeducacao.bol.uol.com.br/quimica/teoria-acidobase-bronstedlowry.htm>. Acesso em: 25 set. 2017f.

FOGLIATTI, M. C.; FILIPPO, S.; GOUDARD, B. Avaliação de impactos ambientais: aplicação aos sistemas de transporte. Rio de Janeiro: Interciência, 2004.

FONTANAILLES, G. Climas: impactos ambientais – chuva ácida. Geografalando, 24 dez. 2012. Disponível em: <http://geografalando.blogspot.com.br/2012/12/climas-impactos-ambientais-chuva-acida.html>. Acesso em: 22 set. 2017.

FONTES, M. P. F. Introdução ao estudo de minerais e rochas. Viçosa: Imprensa Universitária, 1984.

GALLO, L. A.; BASSO, L. C. O nitrogênio e o ciclo do nitrogênio. Bioquimica's Homepage. Disponível em: <http://docentes.esalq.usp.br/luagallo/nitrogenio.htm>. Acesso em: 9 out. 2017.

GARCIA, S. et al. O clima do passado face ao presente. In: JACOBI, P. R. et al. (Org.). Temas atuais em mudanças climáticas: para os ensinos fundamental e médio. São Paulo: IEE; Edusp, 2015. p. 21-29.

GIDDENS, A. A política da mudança climática. Rio de Janeiro: J. Zahar, 2010.

GONÇALVES, M. E.; MARINS, F. A. S. Logística reversa numa empresa de laminação de vidros: um estudo de caso. Gestão & Produção, São Carlos, v. 13, n. 3, p. 397-410, set./dez. 2006. Disponível em: <http://www.scielo.br/pdf/gp/v13n3/03.pdf>. Acesso em: 25 set. 2017.

HAGE, D. S.; CARR, J. D. Química analítica e análise quantitativa. São Paulo: Pearson Prentice Hall, 2012.

HARRIS, D. C. Análise química quantitativa. 5. ed. Rio de Janeiro: LTC, 2001.

HARVEY, D. O enigma do capital: e as crises do capitalismo. Tradução de João Alexandre Peschanski. São Paulo: Boitempo, 2011.

HOBSBAWM, E. Era dos extremos: o breve século XX – 1914-1991. Tradução de Marcos Santarrita. 2. ed. São Paulo: Companhia das Letras, 1995.

HOUAISS, A.; VILLAR, M. de S. Dicionário Houaiss da língua portuguesa. versão 3.0. Rio de Janeiro: Instituto Antônio Houaiss; Objetiva, 2009. 1 CD-ROM.

IBGE – Instituto Brasileiro de Geografia e Estatística. Manual técnico de pedologia. 2. ed. Rio de Janeiro: IBGE, 2007. (Manuais Técnicos em Geociências, n. 4). Disponível em: <http://biblioteca.ibge.gov.br/visualizacao/livros/liv37318.pdf>. Acesso em: 25 set. 2017.

ICCA – International Council of Chemical Associations. Disponível em: <http://www.icca-chem.org/>. Acesso em: 14 ago. 2017.

IFA – Intenational Fertilizer Association. About the IVGS. Disponível em: <http://www.fertilizer.org/>. Acesso em: 25 set. 2017.

INDICADORES de qualidade: índice de qualidade das águas (IQA). Portal da Qualidade das Águas. Disponível em: <http://portalpnqa.ana.gov.br/indicadores-indice-aguas.aspx>. Acesso em: 25 set. 2017.

IUGS – International Union of Geological Sciences About the IUGS. Disponível em: <http://www.iugs.org/>. Acesso em: 25 set. 2017.

JACOBI, P. R. Governança da água no Brasil. In: RIBEIRO, W. C. (Org.). Governança da água no Brasil: uma visão interdisciplinar. São Paulo: Annablume; Fapesp; CNPq, 2009. p. 35-59.

JULIANA. Efeito estufa. Grupo Escolar. Disponível em: <http://www.grupoescolar.com/pesquisa/efeito-estufa.html>. Acesso em: 25 set. 2017.

KUHN, T. S. A estrutura das revoluções científicas. Tradução de Beatriz Vianna Boeira e Nelson Boeira. 9. ed. São Paulo: Perspectiva, 2006. (Coleção Debates). v. 115.

LEAL, C. S. M. Solubilidade de corantes AZO. 81 f. Dissertação (Mestrado em Química Industrial) – Universidade da Beira Interior, Covilhã, Portugal, 2011. Disponível em: <https://ubibliorum.ubi.pt/bitstream/10400.6/2480/1/Disserta%C3%A7%C3%A3o%20final.pdf>. Acesso em: 25 set. 2017.

LEFF, E. Epistemologia ambiental. São Paulo: Cortez, 2006.

LEINZ, V.; AMARAL, S. E. Geologia geral. São Paulo: Companhia Editora Nacional, 1982.

LEITE, P. R. Logística reversa: meio ambiente e competitividade. São Paulo: Pearson Prentice Hall, 2005.

LEROI-GOURHAN, A. et al. Pré-história. São Paulo: Pioneira; Edusp, 1981.

LIMA, G. F da. C. Crise ambiental, educação e cidadania: os desafios da sustentabilidade emancipatória. In: LOUREIRO, C. F. B.; LAYRARGUES, P. P.; CASTRO, R. S. de. (Org.). Educação ambiental: repensando o espaço da cidadania. São Paulo: Cortez, 2002. P. 109-142.

LOVELOCK, J. As eras de Gaia: a biografia da nossa Terra viva. Rio de Janeiro: Campus, 1991.

LQES CULTURAL. Ano internacional da química. Disponível em: <http://lqes.iqm.unicamp.br/canal_cientifico/lqes_cultural/lqes_cultural_ano_intern_Gilbert_Lewis.html>. Acesso em: 25 set. 2017.

MACIEL, J. Elementos de Teoria Geral dos Sistemas: a ciência que está revolucionando a administração e o planejamento da área do governo, nos negócios, na indústria e na solução dos problemas humanos. Petrópolis: Vozes, 1974.

MAIA, D. J.; BIANCHI, J. C. de A. Química geral: fundamentos. São Paulo: Prentice-Hall, 2007.

MANO, E. B.; PACHECO, E. B. A. V.; BONELLI, C. M. C. Meio ambiente, poluição e reciclagem. São Paulo: Edgard Blucher, 2005.

MARTINS, E. Na natureza, nada se cria, nada se perde, tudo se transforma. Ciência Hoje, Rio de Janeiro, 9 ago. 2010. Disponível em: <http://chc.org.br/na-natureza-nada-se-cria-nada-se-perde-tudo-se-transforma/>. Acesso em: 25 set. 2017.

MARUYAMA, S. Aquecimento global? Tradução de Kenitiro Suguio. São Paulo: Oficina de Textos, 2009.

MASTERTON, W. L.; HURLEY, C. N. Química: princípios e reações. 6. ed. Rio de Janeiro: LTC, 2010.

MATURANA, H.; VARELA, F. De máquinas e seres vivos: autopoiese – a organização do vivo. 3. ed. Tradução de Juan Acuña Llorens. Porto Alegre: Artes Médicas, 1997.

McCORMICK, J. Rumo ao paraíso. Rio de Janeiro: Relume Dumará, 1992.

MEADOWS, D. H. et al. The Limits of Growth. New York, 1972.

MERCADANTE, R.; ASSUMPÇÃO, L. de. Massa base para sabonetes: fabricando sabonetes sólidos. 2010. Apostila. Disponível em: <http://projetos.unioeste.br/projetos/gerart/apostilas/apostila7>. Acesso em: 25 set. 2017.

MIDDLECAMP, C. H. et al. Química para um futuro sustentável. 8. ed. Tradução de Ricardo Bicca de Alencastro. Porto Alegre: AMGH, 2016.

MORAES, D. S. de L.; JORDÃO, B. Q. Degradação de recursos hídricos e seus efeitos sobre a saúde humana. Revista de Saúde Pública, São Paulo, v. 36, n. 3, p. 370-374, jun. 2002. Disponível em: <http://www.scielo.br/pdf/rsp/v36n3/10502.pdf>. Acesso em: 4 ago. 2017.

MOREIRA, F. M. de S.; SIQUEIRA, J. O. Microbiologia e bioquímica do solo. 2. ed. Lavras: Ed. da Ufla, 2006.

MOREIRA, I. Manuscrito de Newton sobre a "pedra filosofal" foi encontrado. Galileu, Rio de Janeiro, 29 mar. 2016. Disponível em: <http://revistagalileu.globo.com/Ciencia/noticia/2016/03/manuscrito-de-newton-sobre-pedra-filosofal-foi-encontrado.html>. Acesso em: 28 jul. 2017.

MORIN, E. Os sete saberes necessários para a educação do futuro. 2. ed. Tradução de Catarina Eleonora F. da Silva e Jeanne Sawaya. São Paulo: Cortez; Brasília, DF: Unesco, 2000.

MORITZ, D. E. Carboidratos. 2011. Slide Player. Disponível em: <http://slideplayer.com.br/slide/82428/>. Acesso em: 14 ago. 2017.

MOZETO, A. A.; JARDIM, W. de F. A química ambiental no Brasil. Química Nova, São Paulo, v. 25, suplemento 1, p. 7-11, maio 2002. Disponível em: <http://www.scielo.br/pdf/qn/v25s1/9406.pdf>.Acesso em: 25 set. 2017.

NASA – National Aeronautics and Space Administration. Explore Nasa Science. Science Beta. Disponível em: <http://science.nasa.gov>. Acesso em: 25 set. 2017.

NASCIMENTO, D. O que significa o pH. Aprenda com quem faz. 29 dez. 2015. Disponível em: <http://aprendacomquemfaz.blogspot.com.br/2015/12/o-que-significa-o-ph.html>. Acesso em: 25 set. 2017.

NEHMI, V. Química: volume único. São Paulo: Ática, 1997.

NOBRE, C. A.; REID, J.; VEIGA, A. P. S. Fundamentos científicos das mudanças climáticas. São José dos Campos: Rede Clima; INPE, 2012.

NUNES, L. H. Repercussões globais, regionais e locais do aquecimento global. Terra Livre, São Paulo, v. 19, n. 20, p. 101-110, jan./jul. 2003. Disponível em: <http://www.agb.org.br/files/TL_N20.pdf>. Acesso em: 25 set. 2017.

OLIVEIRA, M. J. de. Incertezas associadas à temperatura do ar no contexto das mudanças climáticas: determinações das causas e efeitos de heterogeneidades e discussão das implicações práticas. 456 f. Dissertação (Mestrado em Engenharia Ambiental) – Universidade de São Paulo, Escola de Engenharia de São Carlos, 2010.

OLIVEIRA, M. J. de; VECCHIA, F. A. da S. A controvérsia das mudanças climáticas e do aquecimento global antropogênico: consenso científico ou interesse político? Fórum Ambiental da Alta da Paulista, Tupã, v. 5, n. 9, p. 946-964, 2009. Disponível em: <googl/2NYXuR>. Acesso em: 31 jul. 2017.

OLIVEIRA, O. A. de; SILVA, A. O. da. Diversidade química do ambiente. Natal: Edufrn, 2006. Disponível em: <http://www.ccet.ufrn.br/otom/aula14.pdf>. Acesso: 25 set. 2017.

OLIVEIRA, O. J. de; PINHEIRO, C. R. M. S. Implantação de sistemas de gestão ambiental ISO 14001: uma contribuição da área de gestão de pessoas. Gestão & Produção, São Carlos, v. 17, n. 1, p. 51-61, 2010. Disponível em: <http://www.scielo.br/pdf/gp/v17n1/v17n1a05.pdf>. Acesso em: 25 set. 2017.

ONU – Organização das Nações Unidas. Declaração do Rio de Janeiro sobre Meio Ambiente e Desenvolvimento. In: United Nations Conference on Environment and Development – UNCED (ECO-92), 1., Rio de Janeiro, 1992. Anais... Nova York: ONU, 1992. Disponível em: <http://www.onu.org.br/rio20/img/2012/01/rio92.pdf>. Acesso em: 25 set. 2017.

ONU – Organização das Nações Unidas. Resolução 3.281, de 12 de dezembro de 1974 (Carta de direitos e deveres econômicos dos Estados). In: Assembleia Geral das Nações Unidas, 29., Nova York, 1974. Anais... Nova York: ONU, 1974. Disponível em: <http://www.un.org/en/ga/search/view_doc.asp?symbol=A/RES/3281(XXIX)>. Acesso em: 26 jul. 2017.

ONUBR – Nações Unidas no Brasil. Agenda 2030. 13 out. 2015. Disponível em: <https://nacoesunidas.org/pos2015/agenda2030/>. Acesso em: 25 set. 2017.

ORIGEM da palavra. Matéria. Disponível em: <http://origemdapalavra.com.br/site/palavras/materia/>. Acesso em: 25 set. 2017.

OSMORREGULAÇÃO e excreção. Só Biologia. Disponível em: <http://www.sobiologia.com.br/conteudos/FisiologiaAnimal/excrecao.php>. Acesso em: 25 set. 2017.

PARANÁ. Secretaria de Estado do Meio Ambiente e Recursos Hídricos. Instituto Ambiental do Paraná. Resolução Conjunta Sema/IAP n. 21, de 18 de junho de 2007. Diário Oficial Executivo, Curitiba, PR, 28 jun. 2007. Disponível em: <http://www.iap.pr.gov.br/arquivos/File/Legislacao_ambiental/Legislacao_estadual/RESOLUCOES/RESOLUCAO_SEMA_21_2007.pdf>. Acesso em: 25 set. 2017.

PARRON, L. M.; MUNIZ, D.H. de F.; PEREIRA, C. M. Manual de Procedimentos de Amostragem e Análise Físico-Química de Água. Colombo: Embrapa Florestas, 2011. Disponível em: <https://www.infoteca.cnptia.embrapa.br/bitstream/doc/921050/1/Doc232ultimaversao.pdf>. Acesso em: 25 set. 2017.

PENA, R. A. Consumo de água no mundo. Brasil Escola. Disponível em: <http://brasilescola.uol.com.br/geografia/consumo-agua-no-mundo.htm>. Acesso em: 9 out. 2017a.

PENA, R. A. Distribuição da água no mundo. Brasil Escola. Disponível em: <http://brasilescola.uol.com.br/geografia/distribuicao-agua-no-mundo.htm>. Acesso em: 10 out. 2017b.

PEREIRA, R. S. Identificação e caracterização das fontes de poluição em sistemas hídricos. Revista Eletrônica de Recursos Hídricos, Porto Alegre, v. 1, n. 1, p. 26-36, 2004.

PERUZZO, F. M.; CANTO, E. L. do. Química: na abordagem do cotidiano. 3. ed. São Paulo: Moderna, 2003. Volume 2: físico-química.

PETRERE, V. G.; CUNHA, T. J. F. Manejo do solo. Agência Embrapa de Informação Tecnológica. Disponível em: <http://www.agencia.cnptia.embrapa.br/gestor/uva_de_mesa/arvore/CONT000g56mkakv02wx50kodkla0so kqjgtc.html>. Acesso em: 25 set. 2017.

PILHA DE DANIELL. Princípios de Eletroquímica. Disponível em: <https://eletroquimicas.wordpress.com/pilha-de-daniell/>. Acesso em: 25 set. 2017.

PINTEREST. Disponível em: <https://br.pinterest.com/pin/341781059199739254/>. Acesso em: 25 set. 2017.

PMBC – Painel Brasileiro de Mudanças Climáticas. Base científica das mudanças climáticas. Rio de Janeiro: Ed. da UFRJ, 2014. vol. 1 – Primeiro Relatório de Avaliação Nacional. Disponível em: <http://www.pbmc.coppe.ufrj.br/documentos/RAN1_completo_vol1.pdf>. Acesso em: 25 set. 2017.

POMBO, F. R.; MAGRINI, A. Panorama de aplicação da norma ISO 14001 no Brasil. Gestão da Produção, São Carlos, v. 15, n. 1, p. 1-10, jan./abr. 2008. Disponível em: <http://www.scielo.br/pdf/gp/v15n1/a02v15n1.pdf>. Acesso em: 25 set. 2017.

PONTOS importantes da lei da Política Nacional de Resíduos Sólidos. Embapel Reciclagem. 4 mar. 2015. Disponível em: <http://embapel.com.br/pontos-importantes-da-lei-da-politica-nacional-de-residuos-solidos/>. Acesso em: 25 set. 2017.

PRADO, A. G. S. Química verde, os desafios da química do novo milênio. Química Nova, São Paulo, v. 26, n. 5, p. 738-744, 2003. Disponível em: <http://quimicanova.sbq.org.br/imagebank/pdf/Vol26No5_738_17-DV02190.pdf>. Acesso em: 25 set. 2017.

PRIGOGINE, I. O fim das certezas: tempo, caos e as leis da natureza. 2. ed. São Paulo: Ed. da Unesp, 2011.

PRIGOGINE, I.; STENGERS, I. Entre o tempo e a eternidade. São Paulo: Companhia das Letras, 1992.

RIO+20 – Conferência das Nações Unidas sobre Desenvolvimento Sustentável. Disponível em: <http://www.rio20.gov.br/>. Acesso em: 25 set. 2017.

ROBERTS, G. W. Reações químicas e reatores químicos. Rio de Janeiro: LTC, 2010.

ROCHA, J. C.; ROSA, A. H.; CARDOSO, A. A. Introdução à química ambiental. Porto Alegre: Bookman, 2004.

ROCKSTRÖM, J. et al. A Safe Operating Space for Humanity. Nature, n. 461, p. 472-475, Sep. 24th 2009.

ROMÃO, F. L.; RIBEIRO, A. S.; ROMÃO, L. P. C. A crise ambiental analisada a partir do princípio de incerteza de Heisenberg e do conceito de paradigma de Thomas Kuhn. Scientia Plena, São Cristóvão, v. 7, n. 11, p. 1-10, nov./dez. 2011. Disponível em: <https://www.scientiaplena.org.br/sp/article/view/374/357>. Acesso em: 25 set. 2017.

RONQUIM, C. C. Conceitos de fertilidade do solo e manejo adequado para as regiões tropicais. Campinas: Embrapa Monitoramento por Satélite, 2010. (Boletim de Pesquisa e Desenvolvimento, n. 8.).

ROSA, R. da S.; MESSIAS, R. A.; AMBROZINI, B. Importância da compreensão dos ciclos biogeoquímicos para o desenvolvimento sustentável. 56 f. Monografia (desenvolvida durante a disciplina optativa de Ciclos Biogeoquímicos) – Universidade de São Paulo, Instituto de Química de São Carlos, 2003. Disponível em: <http://www.iqsc.usp.br/iqsc/servidores/docentes/pessoal/mrezende/arquivos/EDUC-AMB-Ciclos-Biogeoquimicos.pdf>. Acesso em: 25 set. 2017.

ROSENBERG, J. L. Química geral. 6. ed. Tradução de Viktória Klara Lakatos Osório, Ana Maria da Costa Ferreira e Miuaco Kawashita Kuya. São Paulo: McGraw-Hill, 1982.

ROSER, M.; ORTIZ-OSPINA, E. World Population Growth. Apr. 2017. Disponível em: <https://ourworldindata.org/world-population-growth/>. Acesso em: 25 set. 2017.

ROSS, J. L. S. Geomorfologia: ambiente e planejamento. São Paulo: Contexto, 2003. (Coleção Repensando a Geografia).

RUDDIMANN W. F. Earth's Climate: Past and Future. New York: W. H. Freeman, 2008.

RUSSEL, J. B. Química geral. 2. ed. São Paulo: McGraw-Hill do Brasil, 1994. v. 1.

SACHS, I. Estratégias de transição para o século XXI. In: BURSZTYN, M. (Org.). Para pensar o desenvolvimento sustentável. São Paulo: Brasiliense, 1993. p. 29-56.

SANASA CAMPINAS. II – Processo de produção. 15 jul. 2014. Disponível em: <http://www.sanasa.com.br/noticias/not_con3.asp?par_nrod=567&flag=TA>. Acesso em: 21 set. 2017.

SANTOS, A. P. B.; PINTO, A. C. Biodiesel: uma alternativa de combustível limpo. Química Nova na Escola, São Paulo, v. 31, n. 1, p. 58-62, fev. 2009. Disponível em: <http://qnesc.sbq.org.br/online/qnesc31_1/11-EEQ-3707.pdf>. Acesso em: 31 ago. 2017.

SANTOS, F. D. A física das alterações climáticas. Gazeta de Física, Lisboa, v. 30, n. 1, p. 48-57, jan. 2007. Disponível em: <https://www.spf.pt/magazines/GFIS/71/article/420/pdf>. Acesso em: 25 ago. 2017.

SANTOS, M. A natureza do espaço. São Paulo: Edusp, 2006.

SCHMAL, M. Cinética e reatores: aplicação na engenharia química: teoria e exercícios. 2. ed. Rio de Janeiro: Synergia, 2013.

SEIFFERT, M. E. B. Gestão ambiental: instrumentos, esferas de ação e educação ambiental. São Paulo: Atlas, 2010.

_____. ISO 14001: sistemas de gestão ambiental – implantação objetiva e econômica. São Paulo: Atlas, 2011.

SEINFELD, J. H.; PANDIS, S. N. Atmospheric Chemistry and Physics: from Air Pollution to Climate Change. 2. ed. New York: Princeton University Press, 1999.

SEN, A. Sobre ética e economia. Tradução de Laura Teixeira Motta. São Paulo: Companhia das Letras, 1999.

SHRIVER, D. F.; ATKINS, P. W. Química inorgânica. 4. ed. Tradução de Roberto de Barros Faria. Porto Alegre: Bookman, 2008.

SKOOG, D. A. et al. Fundamentos de química analítica. 9. ed. São Paulo: Cengage Learning, 2010.

SOUSA, R. S. de; ROCHA, P. D. P.; GARCIA, I. T. S. Estudo de caso em aulas de Química: percepção dos estudantes de nível médio sobre o desenvolvimento de suas habilidades. Química Nova na Escola, São Paulo, v. 34, n. 4, p. 220-228, nov. 2012. Disponível em: <http://qnesc.sbq.org.br/online/qnesc34_4/08-PIBID-112-12.pdf>. Acesso em: 25 set. 2017.

STEFFEN, W. et al. The Trajectory of the Anthropocene: the Great Acceleration. The Anthropocene Review, v. 2, n. 1, p. 81-98, Apr. 2015. Disponível em: <https://favaretoufabc.files.wordpress.com/2013/06/2015-steffen-et-al-the-great-acceleration-1.pdf>. Acesso em: 25 set. 2017.

SUZIN, G. M. Vidas secas: como os habitantes do sertão nordestino e mais 1 bilhão de pessoas no mundo convivem com a escassez de água no cotidiano. Guia do Estudante: atualidades, v. 18, p. 80-99, 2. sem. 2013.

TRENBERTH, K. E. Has There Been a Hiatus? Science, v. 349, n. 6249, p. 691-692, 14 Aug. 2015.

TUDO sobre crise hídrica. Guia do Estudante. Disponível em: <http://guiadoestudante.abril.com.br/tudo-sobre/crise-hidrica/>. Acesso em: 25 set. 2017.

UFJF – Universidade Federal de Juiz de Fora. Cosep – Comissão Permanente de Seleção. Prograd – Pró-Reitoria de Graduação. PISM I – Triênio 2010-2012. Prova de química. 2011. Disponível em: <http://www.ufjf.br/manual2011/files/2010/12/PISM-I-QU%C3%8DMICA.pdf>. Acesso em: 25 set. 2017.

USO racional da água. SAAE – Serviço Autônomo de Água e Esgotos de Mogi Mirim. Disponível em: <http://www.saaemogi.com.br/uso%20racional%20da%20agua.html>. Acesso em: 25 set. 2017.

VALE FERTILIZANTES. Oportunidades para o fortalecimento da indústria brasileira de fertilizantes. Araxá: Vale, 2010. Disponível em: <http://slideplayer.com.br/slide/3125688/>. Acesso em: 25 set. 2017.

VANIN, J. A. Alquimistas e químicos: o passado, presente e o futuro. 2 ed. São Paulo: Moderna, 2010. (Coleção Polêmica).

VEIGA, J. E. da. A desgovernança mundial da sustentabilidade. São Paulo: Editora 34, 2013.

_____. Para entender o desenvolvimento sustentável. 3. ed. Rio de Janeiro: Editora 34, 2008.

VIEIRA, L. Antropoceno: uma nova era. Eco 21, Rio de Janeiro, n. 240, nov. 2016. Disponível em: <http://www.eco21.com.br/textos/textos.asp?ID=4041>. Acesso em: 25 set. 2017.

VIOLA, E.; BASSO, L. O sistema internacional no Antropoceno. Revista Brasileira de Ciências Sociais, São Paulo, v. 31. N. 92, p. 1-18, out. 2016. Disponível em: <http://www.scielo.br/pdf/rbcsoc/v31n92/0102-6909-rbcsoc-3192012016.pdf>. Acesso em: 9 out. 2017.

VOGEL, A. I. et al. Análise química quantitativa. 6. ed. Rio de Janeiro: LTC, 2002.

WICANDER, R.; MONROE, J. S. Fundamentos de geologia. Tradução de Harue Ohara Avritcher. São Paulo: Cengage Learning, 2009.

WORLD COMMISSION ON ENVIRONMENT AND DEVELOPMENT. Our Common Future. Oxford: Oxford University Press, 1987. (Oxford Paperbacks).

ZUCCO, C. Química para um mundo melhor. Química Nova, São Paulo, v. 34, n. 5, p. 733, 2011. Disponível em: <http://www.scielo.br/scielo.php?script=sci_arttext&pid=S0100-40422011000500001>. Acesso em: 25 set. 2017.

Respostas

Capítulo 1

Questões para revisão

1. A química ambiental está inserida tanto no campo das ciências naturais quanto das sociais, uma vez que define sua área de conhecimento sob a visão de processos interativos, dinâmicos e sistêmicos acerca da vida do planeta, demandando abordagens interdisciplinares.

2. A logística reversa refere-se a medidas de precaução, assim como a processos de adaptação e mitigação de problemas gerados pelos produtos. Para que os gestores realizem tais medidas, a regulamentação ambiental prescreve normas e diretrizes que encaminham a exploração e o manejo sustentável dos recursos naturais. No caso da indústria química, a logística reversa contribui para avaliar e amenizar os impactos ambientais no ciclo de vida produtivo, estabelecendo critérios para monitoramento e destino adequado de resíduos

ou eventuais tratamentos pelos quais devam passar antes de retornarem à natureza. Dessa forma, é possível, além de minimizar impactos ambientais, reverter perdas econômicas, uma vez que produtos podem ser reaproveitados ou reciclados, o que gera menor desgaste ambiental e financeiro. Por fim, podemos afirmar que uma boa logística reversa também valoriza a imagem da empresa, uma vez que demonstra que ela apresenta responsabilidade ambiental e, consequentemente, social.

3. e

4. b

5. a

Capítulo 2

Questões para revisão

1. O estudo do planeta pode ser dividido pelos seus sistemas, como a litosfera, a hidrosfera, a atmosfera e a biosfera. A conexão entre os componentes desses sistemas se dá pelos ciclos biogeoquímicos, o que pressupõe que adotemos uma abordagem sistêmica dos estudos ambientais. Outro argumento que sustenta essa visão é a chamada *hipótese Gaia*, que propõe que o planeta é um sistema vivo capaz de autorregular a temperatura e a composição da sua superfície e mantê-las em equilíbrio, por meio de processos ativos que envolvem a energia solar disponível nos diversos ambientes terrestres. Por fim, especificamente em relação à biosfera, percebemos que esse sistema existe desde a formação do planeta, há aproximadamente 4,5 bilhões de anos, e suas funcionalidades foram definidas e se mantêm inalteradas

desde então, garantindo o equilíbrio estático das paisagens terrestres e as condições propícias à existência da vida.

2. Os principais gases atmosféricos são: nitrogênio (N_2), oxigênio (O_2), gás carbônico (CO_2), gases nobres e vapor de água. O oxigênio é o gás mais abundante na atmosfera, indispensável à existência e à sobrevivência dos seres vivos e altamente comburente, isto é, apresenta capacidade de aquecer e de gerar calor. O gás carbônico participa do processo de fotossíntese realizado pelas plantas – que também envolve água, luz solar e clorofila, e resulta em glicose e libera oxigênio. Os processos de industrialização e de urbanização intensificam o lançamento e gás carbônico na atmosfera.

3. d

4. c

5. d

Questões para reflexão

1.
    a. O crescimento da população e a adaptação do sistema de produção agropecuário para atender ao aumento da demanda por alimentos.
    b. Desenvolver novos produtos para proteger as culturas agrícolas contra pragas e doenças. Cerca de 40% dos alimentos não existiria se não houvesse produtos agroquímicos, que têm a função de proteger a agricultura de ataques de organismos causadores de doenças.
    c. Mesmo diante dos esforços da ciência, os fertilizantes químicos ainda representam uma fonte de impacto ambiental. Entretanto, há uma busca constante de

aprimoramento a fim de amenizar ou até solucionar tais impactos. Esses desafios devem-se à dinâmica da natureza, que apresenta um descompasso em relação à intensidade da demanda da produção de alimentos, o que implica potencializar artificialmente o solo e o crescimento das plantas. O nitrogênio, embora abundante e vital no ar, precisa ser convertido por bactérias que vivem no solo em nitrato para ser absorvido pelas plantas. A otimização desses processos se dá pelo uso de fertilizantes como o nitrato de amônia. Entretanto, o uso intensivo e indiscriminado de fertilizantes pode causar a degradação do solo, a poluição das fontes de água e da atmosfera e o aumento da resistência das pragas.

d. Os químicos têm buscado cada vez mais respostas para a produção de herbicidas e de inseticidas de compostos naturais. O conhecimento das plantas e suas complexas substâncias químicas pode ser usado para desenvolver métodos práticos para o controle de pragas, numa maior aproximação com a dinâmica da natureza. Com relação à nutrição vegetal, a absorção de nitrogênio pode ser combinada com processos metabólicos, uma vez que essa substância está presente em abundância na atmosfera e pode ser convertida em nitrato, produto que as plantas são capazes de absorver. Nesse caso, é necessário o uso de fertilizantes como o nitrato de amônio. A química pode contribuir para a produção de catalisadores para ajudar as plantas a fixar nitrogênio de forma mais eficiente. Outro elemento essencial para as plantas é o fósforo, também disponível nos fertilizantes químicos feitos de fosfato extraído de depósitos de rocha sedimentária, recurso limitado no planeta. Assim, a química pode desempenhar um papel importante no desenvolvimento de novas tecnologias para recuperar o fósforo a partir de resíduos para potencial reutilização.

2. A mineradora Samarco afirma que a lama não é tóxica. Essa alegação é simplista e reduz o problema e o impacto causados devido à negligência técnica e operacional da própria empresa. De acordo com os cientistas, essa afirmação apresenta problemas. Inicialmente, em termos físicos, a lama, ainda que não fosse tóxica, endurece e cria resistência ao curso natural da corrente hídrica, o que por si só já representa um impacto no ambiente. Além disso, os cientistas discordam que a água pode estar adequada para o uso da população, sobretudo nas áreas de inundação com rejeitos da mineradora. As evidências demonstram a morte da fauna em contato com a água, o que é naturalmente um indicador de contaminação e inviabiliza o uso doméstico e agrícola desse recurso.

Capítulo 3

Questões para revisão

1. Segundo a teoria ácido-base de Arrhenius, ácido é um composto que, em meio aquoso, ioniza-se, liberando cátions hidrogênio (H^+). Dessa forma, o ácido fosfórico é considerado um ácido de Arrhenius, pois, de acordo com a sua primeira ionização, temos: $H_3PO_{4(aq)} \rightarrow H^+_{(aq)} + H_2PO^-_{4(aq)}$

2. Primeiramente, calculamos o pH por meio da fórmula: $pH = -\log[H^+]$; dado que $[H^+] = 5 \cdot 10^{-4}$, logo $pH = -\log[5 \cdot 10^{-4}] = 3{,}3$. Esse valor de pH indica que a solução é ácida, pois está abaixo de sete, valor do pH neutro. Portanto, a chuva nessa situação é ácida.

3. c. Explicação: o enunciado da questão diz que o cheiro forte e desagradável dentro da geladeira é proveniente das aminas, que são básicas. Assim, para amenizar o odor, é preciso utilizar substâncias ácidas para neutralizar o meio. Entre as opções apontadas nas alternativas, sabe-se que o limão e o vinagre (ácido acético) são ácidos. Além disso, a tabela mostra que a concentração de íons H_3O^+ é 10^{-2} e 10^{-3}, o que significa que o pH deles é igual a 2 e 3, por isso são bastante ácidos (as substâncias ácidas têm pH menor do que sete).

4. e

5. d

Questões para reflexão

1. Na solução cujo pH = 10, pois $[OH^-] > [H^+]$.

2. Como as aftas decorrem de problemas de acidez excessiva, a solução de bicarbonato de sódio ($NaHCO_3$), de caráter básico, serve para neutralizar os cátions hidrogênio das aftas, reduzindo o problema.

Capítulo 4

Questões para revisão

1. Diminuição da concentração de oxigênio na água e pintura da haste. Ambos os processos são protetores.

2. Cobre (Cu), zinco (Zn) ou estanho (Sn). A corrosão do ferro é acelerada pela presença de oxigênio, umidade e sal. A corrosão pode ser inibida pelo revestimento da superfície com pintura ou zinco, ou pelo uso da proteção catódica (que

consiste na adição de uma cobertura metálica de zinco, a qual é aplicada por aspersão térmica contra a corrosão eletrolítica).

3. d

4. c. Explicação: produção por eletrólise ígnea da bauxita a partir da alumina.

5. a

Questões para reflexão

1. Porque a concentração de soro maior ou menor que a que organismo apresenta naquele momento pode causar um inchamento ou um encolhimento das células do paciente, causando a falência dos seus órgãos ou sérias complicações ao seu sistema imunológico.

2. Pode ocorrer a proliferação de microrganismos, pois o açúcar é um agente que remove a água do doce, e sabemos que um meio com alto teor de umidade é favorável para o crescimento de bactérias e de fungos indesejáveis.

Sobre as autoras

Karine Isabel Scroccaro de Oliveira

É licenciada plena em Química pela Faculdade AD 1 – Unisaber/AD1(2013), graduada em Engenharia Química pela Pontifícia Universidade Católica do Paraná – PUCPR (2005), especialista em Educação Superior pela Faculdade Educacional Araucária – Facear (2013), mestre em Engenharia Química pela Universidade Federal do Paraná – UFPR (2009) e doutora em Ciências dos Materiais pela mesma instituição (2013). Atuou como professora da Facear, de 2011 a 2013, e da PUCPR, de 2012 a 2016. Atualmente é professora da Sociedade Educacional de Santa Catarina – Sociesc. Tem experiência na área de engenharia química, com ênfase em estudos sobre o biodiesel, atuando principalmente nos seguintes temas: esterificação, heteropoliácidos, ácido fosfotúngstico, sílica e polietileno. Atua também como professora particular, lecionando disciplinas diversas que podem ser observadas no site <www.professorakarine.com>.

Lilliam Rosa Prado dos Santos

É graduada em Geografia pela Universidade de São Paulo – USP (1999), especialista em Análise Ambiental pela Universidade Federal do Paraná – UFPR (2002), mestre em Educação (2008) e doutora em Meio Ambiente e Desenvolvimento pela mesma instituição (2017). Atua como pesquisadora, professora, autora e editora de livros didáticos destinados aos ensinos fundamental 1 e 2 e médio. É bacharel internacional pela International Baccalaureate – IB e consultora de revistas especializadas em educação, geografia e meio ambiente.

Anexo

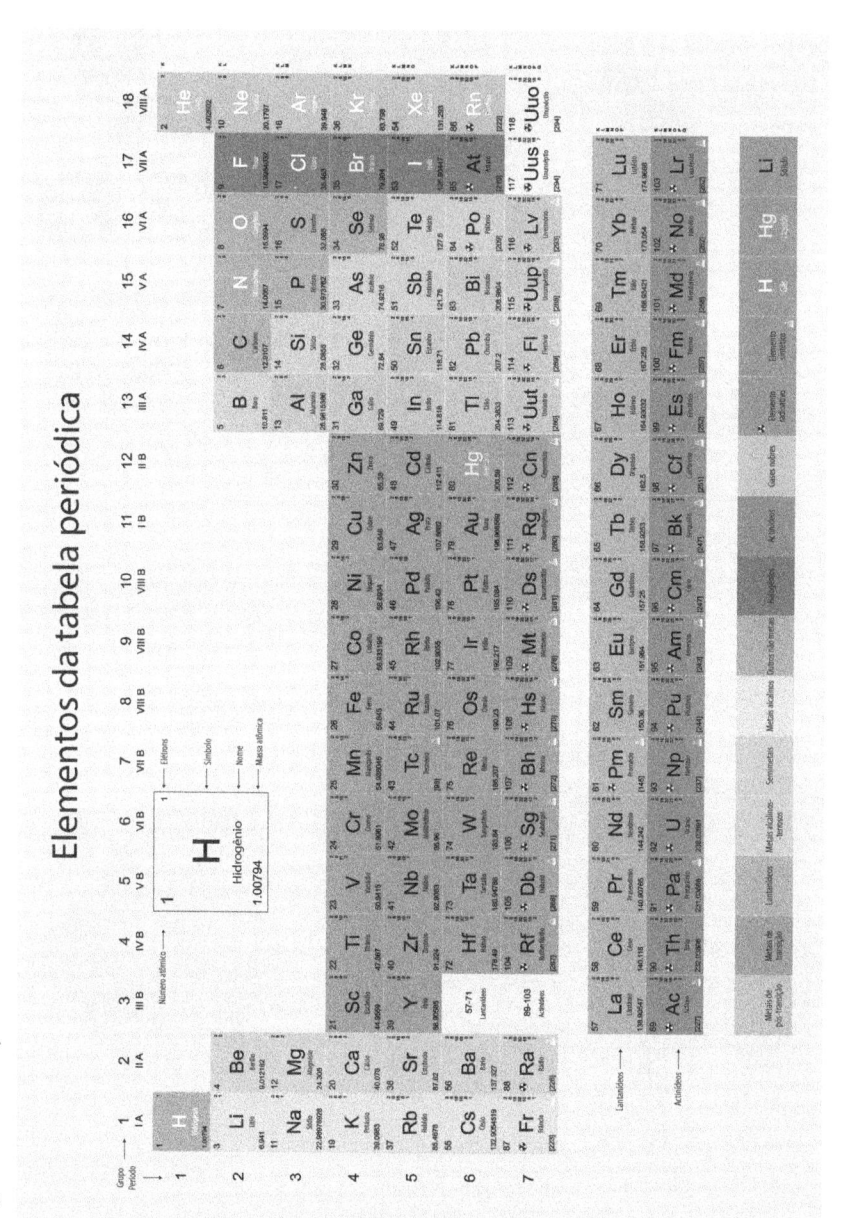

Figura A – Tabela periódica dos elementos

Elementos da tabela periódica

Figura B - Valor pH de compostos comuns

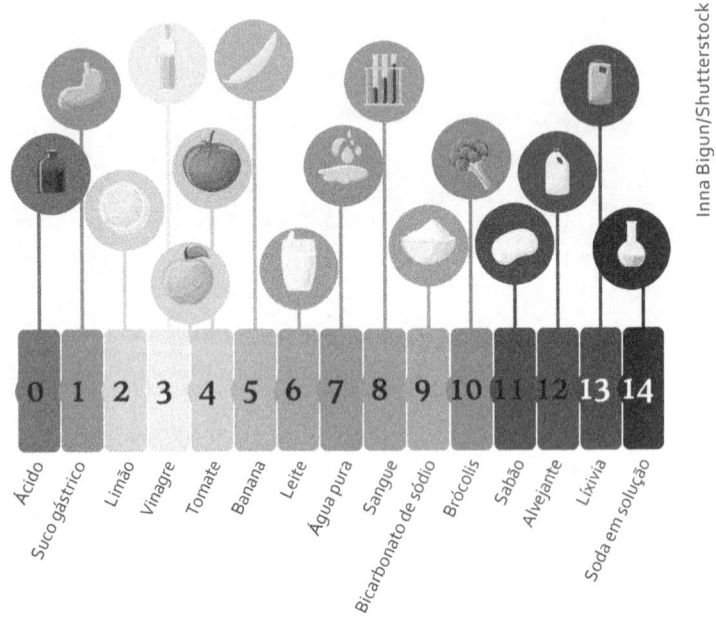

pH	0	1	2	3	4	5	6	7	8	9	10	11	12	13	14
	Ácido	Suco gástrico	Limão	Vinagre	Tomate	Banana	Leite	Água pura	Sangue	Bicarbonato de sódio	Brócolis	Sabão	Alvejante	Lixívia	Soda em solução

Fonte: Adaptado de Nascimento, 2015.

Figura C – Relação entre pH e cátion hidroxila (OH⁺)

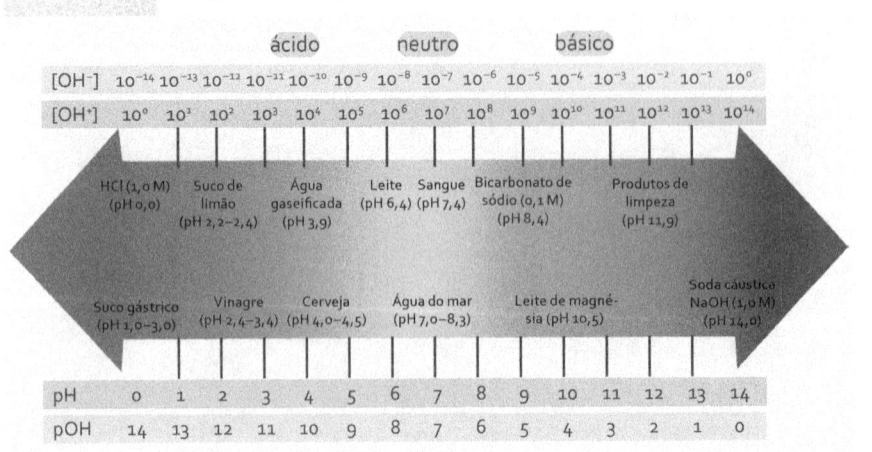

	ácido						neutro				básico			
$[OH^-]$	10^{-14}	10^{-13}	10^{-12}	10^{-11}	10^{-10}	10^{-9}	10^{-8}	10^{-7}	10^{-6}	10^{-5}	10^{-4}	10^{-3}	10^{-2}	10^{-1}	10^{0}
$[OH^+]$	10^{0}	10^{1}	10^{2}	10^{3}	10^{4}	10^{5}	10^{6}	10^{7}	10^{8}	10^{9}	10^{10}	10^{11}	10^{12}	10^{13}	10^{14}

HCl (1,0 M) (pH 0,0)
Suco de limão (pH 2,2–2,4)
Água gaseificada (pH 3,9)
Leite (pH 6,4)
Sangue (pH 7,4)
Bicarbonato de sódio (0,1 M) (pH 8,4)
Produtos de limpeza (pH 11,9)

Suco gástrico (pH 1,0–3,0)
Vinagre (pH 2,4–3,4)
Cerveja (pH 4,0–4,5)
Água do mar (pH 7,0–8,3)
Leite de magnésia (pH 10,5)
Soda cáustica NaOH (1,0 M) (pH 14,0)

pH	0	1	2	3	4	5	6	7	8	9	10	11	12	13	14
pOH	14	13	12	11	10	9	8	7	6	5	4	3	2	1	0

Fonte: Elaborado com base em Cardoso, 2017.

Os papéis utilizados neste livro, certificados por instituições ambientais competentes, são recicláveis, provenientes de fontes renováveis e, portanto, um meio sustentável e natural de informação e conhecimento.

FSC
www.fsc.org
MISTO
Papel produzido
a partir de
fontes responsáveis
FSC® C057341

Impressão: Log&Print Gráfica & Logística S.A.
Abril/2021